服装陈列展示实务

第2版

主　编　马丽群

副主编　韩　雪　黄文鹤
　　　　何　歆　张文明

北京理工大学出版社

BEIJING INSTITUTE OF TECHNOLOGY PRESS

内 容 提 要

全书共分为服装陈列展示概述、卖场空间规划设计、服装陈列形态构成、服装陈列色彩设计、视觉营销氛围设计、橱窗陈列设计、服装陈列手册制作七个项目。为培养学生的设计思路和陈列实操能力，本书以服装展示与陈列相关工作的内容为载体，配以丰富的教学资源及相关作品赏析，以满足学生及相关工作人员的学习需求。

本书可作为高等职业院校服装设计、服装营销、服装陈列等专业的教材，也可作为服装陈列师及相关工作人员的参考书。

图书在版编目（CIP）数据

服装陈列展示实务 / 马丽群主编. -- 2版. -- 北京：
北京理工大学出版社，2024.4
ISBN 978-7-5763-3832-4

Ⅰ.①服… Ⅱ.①马… Ⅲ.①服装－陈列设计 Ⅳ.
①TS942.8

中国国家版本馆 CIP 数据核字（2024）第 080582 号

责任编辑：王俊洁	**文案编辑：**王俊洁
责任校对：周瑞红	**责任印制：**王美丽

出版发行 / 北京理工大学出版社有限责任公司

社　　　址 / 北京市丰台区四合庄路 6 号

邮　　　编 / 100070

电　　　话 /（010）68914026（教材售后服务热线）
　　　　　　　（010）63726648（课件资源服务热线）

网　　　址 / http：//www.bitpress.com.cn

版 印 次 / 2024 年 4 月第 2 版第 1 次印刷

印　　　刷 / 河北鑫彩博图印刷有限公司

开　　　本 / 889 mm×1194 mm　1/16

印　　　张 / 6

字　　　数 / 156 千字

定　　　价 / 89.00 元

党的二十大报告指出："全面建设社会主义现代化国家，必须坚持中国特色社会主义文化发展道路，增强文化自信，围绕举旗帜、聚民心、育新人、兴文化、展形象建设社会主义文化强国，发展面向现代化、面向世界、面向未来的，民族的科学的大众的社会主义文化，激发全民族文化创新创造活力，增强实现中华民族伟大复兴的精神力量。"中国服装品牌作为向世界展示中国形象的重要窗口，肩负着"不断提升国家文化软实力和中华文化影响力"的历史使命。

中国服装业要想发展成为具有国际竞争力的优势产业，必须适应经济全球化大趋势，打造以商业营销为中心、树立和推广品牌为核心的经营业态，不断创新适合自身文化理念的陈列手法，设计研发有特色的陈列道具，以提高品牌卖场的吸引力。在这个大时代背景下，陈列设计作为服装销售的利器，在市场营销战略中的地位越来越重要。

本书在吸收国际相关陈列知识的基础上，结合国内服装文化和服装产业对服装陈列师的实际需求，对服装陈列展示知识进行理性筹划和有序整合，既注重专业基础知识的系统性和规范性，又重视实际操作中的多样性，以期达到提高专业教学水平的目的。

本次修订主要进行了以下几方面的改进和完善：首先，增加了素质教学元素，将素质教学元素融入专业课程之中，强调大国工匠精神及职业素质要求，寓价值观引导于知识传授之中。其次，新增全国服装陈列设计"1+X"证书试点考核内容，涵盖服装陈列设计职业技能等级标准、考核方案及考核模拟题等；增加了中国纺织服装教育学会举办的"全国职业院校学生服装商品展示技术技能大赛"赛项内容，构建课赛互促体系，强调技能赛项对职业教学的影响力和动态要求。再次，新增各项目实训说明，使读者快速了解每个项目的内容设置、学习要点等，突出项目式教学方法和过程的展示。经过系统的学习后，可通过陈列工作的真实项目操作来检验学生的学习效果。

在本次修订中，还更新了各项目中的大部分图片和绘图，既保持陈列知识的系统性和规律性，又与时尚资讯接轨，给读者传达更新的陈列知识和时尚资讯。

本书内容以纸质教材和网络课程相结合的形式呈现，以求形成较完整的知识体系和循序渐进的教学逻辑，达到培养陈列岗位应用型人才的目的。读者可以通过纸质教材进行系统化学习，也可以通过网络课程随时进行补充式学习。

本书是校企合作编写教材，由辽宁轻工职业学院马丽群担任主编，由韩雪、黄文鹤、何歆、张文明担任副主编，进行内容编写、资料整理及数字化资源建设工作；本书得到了中国服装设计师协会陈列委员会的指导和大力协助，得到了北京理工大学出版社的大力支持；参考了中国服装设计师协会培训中心陈列师实战培训班各位专家、讲师的学术资料，在此一并表示感谢。

由于编者水平有限，书中难免存在不妥之处，敬请各位专家、同行及读者批评指正。

编　者

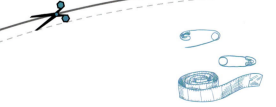

CONTENTS

目 录

项目一 ✂
服装陈列展示概述

项目说明 本项目介绍服装陈列设计的定义、分类、原则、目的、作用等，阐释了服装陈列设计对服装品牌文化以及服装销售的重要性，同时，实地对国内外知名品牌店面的陈列进行了调研，分析其优缺点，为后续展示设计做准备。

项目导航

知识要点 学习服装陈列展示的定义、分类、原则、目的、作用等，掌握服装陈列设计的基本要求。

技能要点 分组实地调研国内外知名品牌并完成调研报告，掌握国内外服装陈列设计的概况。

素质要点 增强文化自信，激发文化创新创造活力，树立正确的职业理想，培养优秀陈列师应具备的营销服务意识。

任务一　服装陈列展示的定义、分类及原则

高质量发展是全面建设社会主义现代化国家的首要任务。没有坚实的物质技术基础，就不可能全面建成社会主义现代化强国。对服装行业来说，高质量发展的标志之一就是打造具有国际竞争力的服装品牌。一个品牌的成熟表现在使人能在第一时间内具有极大的视觉享受，无论从品牌的包装、Logo、字体、颜色、产品的风格还是品牌的终端形象推广上，都应做到保持绝对的美观及统一。

服装陈列展示
概述

服装陈列展示不仅应该反映品牌梦想、展示品牌个性与商品特色，还应该使消费者在浏览与购物的同时也实现自己的梦想，因此，陈列师应积极主动地表现品牌核心理念，帮助消费者了解产品形象或品牌形象，使之对产品或品牌产生兴趣进而产生偏爱和信任，引发购买的欲望和动机。

一、服装陈列展示的定义

　　服装陈列展示，是人们对按照一定的功能和目的对道具、服装商品的安排和陈列，以及照明设计和视觉传达等创造性工作的统称，也是终端卖场最有效的营销手段之一，品牌通过精心设计的陈列和独特的视觉效果，传达自己的核心价值、风格和品质，是用直观、生动的形式与受众进行沟通的活动。

　　服装陈列展示是一项系统工程，是服装业走品牌化道路的必要条件，服装陈列和视觉营销对品牌形象的塑造起到至关重要的作用，影响着消费者对品牌的认知、信任和偏好程度，是产生销售业绩的基础，直接影响品牌的现实利益及品牌的发展和延伸。在服装卖场的设计与装修上不仅应体现品牌经营的特色，还应不同程度地表达品牌的风格、理念和人文概念（图1-1～图1-5）。

图1-1　橱窗（一）

图1-2　橱窗（二）

图1-3　服装品牌系列橱窗
展示（一）

图1-4　服装品牌系列橱窗
展示（二）

图1-5　服装品牌系列橱窗
展示（三）

　　下面简要介绍服装的陈列展示对服装卖场的重要性。首先，服装品牌在全国推广统一的店面设计以及标准的陈列法则，当多家卖场同时存在时，相当于在每座城市繁华的商业圈同时建立了统一的标准形象，包括户外广告牌也是统一的商业形象，这种完整统一的形象对消费者的影响不言而喻。其次，随着品牌的逐渐发展，服装呈系列化推出，为了服装展示与服装卖场在风格上相统一，很多卖场都会推出系列橱窗，增加消费者的关注度。这种服装卖场统一规划形象并对陈列部门员工培训后整体执行的方式有效地保证了卖场陈列的专业化。如图1-6～图1-8所示为商场系列橱窗展示。

图1-6　商场系列橱窗展示（一）　　　　图1-7　商场系列橱窗展示（二）　　　　图1-8　商场系列橱窗展示（三）

二、服装陈列展示的分类

服装陈列展示作为商业空间中最富表现力的部分，通过视觉上的感知，对主题、色彩、文化、空间等元素的设计，达到宣传、促销和传递信息的目的。最初，陈列展示的内容大多以商品为主题，简易地将商品摆放在卖场中即可。随着经济发展、社会进步，人们的需求也向多样性、多层次、人性化、高水平的方向改变，陈列的主题也越发个性化和人性化。我们一般把陈列展示划分为三类：艺术化陈列、主推陈列、基础陈列。

1. 艺术化陈列

艺术化陈列能够充分体现一个品牌的文化底蕴，是代表品牌形象、设计风格的陈列，艺术化陈列一般包含两层含义：其一是指服装产品本身的艺术风格，陈列展示时要把该服装的艺术风格作为主题来重点表现，设计构思也须围绕该主题来展开；其二是指整个陈列展示的艺术风格，陈列师为了突出服装的艺术特色，通过对空间的规划设计、色彩设计、道具设计、灯光设计等造型手段，达到表现服装品牌综合效果的目的。艺术化陈列通常用在橱窗或博览会上（图1-9～图1-12）。

图 1-9　艺术化陈列——品牌风格

图 1-10　艺术化陈列——创意

图 1-11　艺术化陈列——道具采用

图 1-12　艺术化陈列——气氛渲染

2. 主推陈列

主推陈列是把具有代表性的产品或主推的产品进行展示的陈列。位置一般处于墙面陈列中上段的中心部分，或者货架上等，以正挂的形式居多，如图1-13～图1-16所示。主推陈列能够让消费者的视线在卖场中停留更长的时间，起到引导销售的作用。没有商品的正面展示，只有商品的侧挂陈列，卖场就会显得单调、无趣。这样的卖场很难抓住顾客的视线，也就很难达成销售产品的目的。

图1-13　板墙主推陈列（一）

图1-14　板墙主推陈列（二）

图1-15　货架主推陈列

图1-16　人模主推陈列

3. 基础陈列

　　基础陈列能够使消费者在服装卖场中更加容易挑选到心仪的服装，从而达到销售的目的。该种陈列方式须把服装的数量、尺寸、色彩等都表现出来，并陈列成消费者容易看到、触摸到、拿取的形式。在服装卖场的货架、层板、陈列桌上一般采用吊、挂、叠、摆等陈列手法进行展示，如图1-17～图1-19所示。

　　服装品牌的形象塑造，需要专业的陈列技术来完成，适宜的服装陈列不仅可以刺激消费者购买，还可以将其特有的商品信息直观而集中地表现出来，提升企业形象和品牌知名度。消费者购买某一件商品，不是因为商品定价合适，而是因为消费者能够接受该商品的价格。用能表现出

图1-17　货架基础陈列

特色的商品做演示陈列，可使商品的魅力更易吸引并打动消费者，最终促使消费者购买。同样的商品采用不同的陈列方式，效果会截然不同。

图1-18　层板基础陈列

图1-19　货架及陈列桌基础陈列

三、服装陈列展示的原则

服装陈列展示效果的好坏直接影响消费者的购买欲，要做好服装陈列展示，应遵循以下原则。

1. 整洁规范原则

要保证服装卖场内场地干净，服装架无灰尘、无货物堆放，灯光明亮，服装一尘不染，熨烫得没有一丝皱褶，这是提高商品价值最好的方法。

2. 合理和谐原则

服装卖场中货架及其他道具的摆放须照顾消费者的购物习惯，并符合人体工程学。同时还须做到服装陈列色彩协调，卖场整体风格统一。

3. 层次分明原则

服装卖场中服装的陈列应层次分明，这样既明确了服装的主题性和季节性，又方便消费者快速找到目标服装。

4. 风格独特原则

整个服装卖场的陈列还须逐渐形成自己独特的品牌文化，具有自己独特的品牌风格，从而树立品牌形象。

现如今，越来越多的品牌开始通过服装卖场的陈设展示品牌形象，如图1-20、图1-21所示。

图1-20　品牌形象系列展示（一）

图 1-21　品牌形象系列展示（二）

任务二　服装陈列展示的目的及作用

我们可以把服装陈列展示对视觉的影响看作是一种诱因，它能够使消费者产生一系列心理反应，激发消费者的购买动机。无论消费者是否真的因此购买了服装，这种影响都会给消费者留下深刻的印象，使他们日后很容易识别该产品和品牌，或是在一定程度上形成品牌形象和品牌联想。消费者在欣赏华美的橱窗的同时，记住的不仅仅是流行的时装，还有品牌形象。

一、服装陈列展示的目的

服装陈列展示是无声的服装推销员，成熟的陈列师善于利用场景布置、艺术元素和主题展示来提高卖场货品的视觉效果，吸引顾客的注意力，突出品牌风格，创造与品牌形象相符的购物体验，提高销售业绩。

通过这种陈列展示的设计，不断涌现出创意新颖的优秀的橱窗陈列艺术作品，营造出好的设计氛围，同时达到较好的商业效益，如图 1-22～图 1-31 所示。

图 1-22　品牌橱窗（一）

图 1-23　品牌橱窗（二）

图 1-24　品牌橱窗（三）

图 1-25　品牌橱窗（四）

图 1-26　品牌橱窗（五）

图 1-27　品牌橱窗（六）

图 1-28　品牌橱窗（七）　　　　　　　　　图 1-29　品牌橱窗（八）

图 1-30　橱窗展示（一）　　　　　　　　　图 1-31　橱窗展示（二）

重点提示

　　人们对于一成不变的事物，看久了都会产生厌烦心理，陈列师需要在生活中不断寻找设计灵感来源，例如，观察大街上来往的行人，或是参加服装以及相关行业博览会，再或是关注杂志或是媒体上的社会事件，等等。以上这些都有可能是灵感的来源。同时，作为陈列师，要说明流行时尚，把握大众潮流，把得体的搭配展示给消费群体。

二、服装陈列展示的作用

　　服装陈列展示的核心原理是"视觉吸引力"，通过合理运用商品展示、陈列布局、灯光效果等因素，吸引消费者的目光，引起他们的兴趣和好奇心，从而增加他们对产品的认知程度与购买意愿。视觉吸引力不仅在产品本身的展示上起作用，而且与环境氛围和品牌形象相互作用。特别是进入数字化时代，多媒体让陈列设计的研究显得更加多元化，多学科各角度的剖析让服装陈列设计理论显得更加丰富。

三、服装陈列展示的注意事项

　　陈列师在进行服装陈列时，为了更好地将服装展示给消费者，需注意以下几点内容：

　　（1）引起消费者注意。将各种款式的服装采取集中陈列、单一产品大面积陈列、促销活动主题化陈列等方式陈列，以吸引消费者注意（图1-32）。

　　（2）体现和提升品牌形象。服装陈列是向消费者展示产品和品牌形象的有效途径，因此在进行服装陈列时要时刻注意是否能体现和提升品牌形象（图1-33）。

　　（3）与同类服装的合理化比较。将卖场的服装放到同一类型的服装里可以获得与同一类型服装在品牌、价格上的合理比较，有效推动陈列区域合理利用，从而达到最大化销售（图1-34）。

　　（4）增加服装与消费者的接触。无论是找到新的陈列位置还是扩大原来陈列位置的面积，服装与消费者接触得越多，销售的机会就越大（图1-35）。

　　（5）重视橱窗设计。橱窗设计是服装陈列展示中重要的部分，它能通过多变的主题直观地向消费者传达服装的信息，再加上灯光、色彩、道具、空间等创造出的某种意境，能更好地衬托和表达服装的魅力。消费者可以通过橱窗内有限的物境，引发无限的情境遐想，从而得到更高层次的意境享受。一个时间、一个地点、一件事情，或是一种思想都可以以橱窗为展示舞台上演一个个生动的故事，让消费者犹如身临其境，在刺激购买的同时，起到增加卖场商业化氛围的目的（图1-36、图1-37）。

图1-32　吸引消费者注意

图1-33　体现和提升品牌形象

图1-34　同类产品比较

图1-35　增加服装与消费者的接触

图 1-36　橱窗设计实例（一）

图 1-37　橱窗设计实例（二）

任务三　服装陈列师的工作职责及工作内容

　　市场经济的不断发展和科学技术的不断进步，让当今的服装陈列设计发生了质的变化，同时，品牌通过服装陈列展示，给顾客提供了更多体验应用的可能和机会。现如今，在各种服装品牌销售过程中的品牌体验应用呈上升趋势，各种概念店、旗舰店，从文化上、风格上影响着消费者的思想和消费行为，参与服装陈列互动的消费者也越来越多。

　　因此，服装陈列师已然成为服装行业里一个非常重要的职业，其工作的职责就是通过对服装产品和背景空间的布置，提升品牌形象，提高商品的销售业绩。

　　一个优秀的服装陈列师既要有扎实的陈列基础知识，同时还要对品牌的风格、顾客的购买心理、产品的销售技巧有一定的研究。服装陈列师的工作内容不仅仅是布置橱窗、整理服装，还需要做好店内调整工作、制作宣传 POP 以及对相关道具进行设计和摆放，如图 1-38 ～图 1-40 所示。服装陈列师通过陈列手法吸引、打动消费者，从而最终实现销售，增长业绩。

图 1-38　做好店内调整工作

图 1-39　做好打折宣传 POP

图 1-40　做好道具设计、摆放

服装陈列设计
职业技能要求

如何成为一名
优秀的陈列师

"大杨定制"
的匠心之旅

项目实训

一、实训任务

分组对 ××× 品牌店进行实地调研。

二、实训要求

须对品牌定位、商品品类、店铺客流量、店铺陈设等有具体了解，并记录相关数据和信息。

须对店铺内各陈设区域及店面陈设进行参观及拍摄照片，同时须观察店内工作人员的形象及工作能力，为调研结束分析总结时所用。

三、完成形式

（1）根据小组实地调研得到的资料与数据，填写表 1-1～表 1-4 中各项内容，保证信息填写准确无误，图片清晰度过关。

（2）结合小组调研所获资料进行讨论分析，并制作调研报告 PPT，PPT 须图文并茂，重点突出。

四、实训注意事项

（1）调研分工：每组 2～3 人，每组组长可根据调研内容进行分工，每名组员负责相应的调研任务，在调研现场必须独立开展工作，不得成群结队进行（两人结伴形同顾客例外）。如在调研现场需要进行会议沟通，需选择商场公共休息区或其他商业休息区，不可在进行调研的销售区域或商场营业区域内聚众沟通。

（2）报告协作：在调研报告的编制过程中，各组可利用课间和课后时间反馈问题和沟通协作，每组根据实际情况，灵活分配任务，实现合理分工与统筹。

五、实训目标

（1）了解调研的服装品牌文化，掌握调研品牌的店面陈列特征。

（2）了解调研品牌所处商圈基本情况，分析该商圈同类品牌进驻情况，并分析同类品牌陈列特征。

（3）了解调研品牌的消费者情况，统计进店率、成交率等数据，并进行情况分析。

（4）掌握调研品牌产品线情况，做好服饰品搭配情况分析。

（5）掌握店内陈列货架、模特等道具数量、风格情况，分析其与品牌文化的适宜度。

（6）从消费者的角度分析调研品牌的优缺点。

品牌陈列调研
报告模板

六、实训相关模板展示

1. 调研表格模板展示

表 1-1　品牌定位分析表

调研品牌				
所处商圈				
品牌产地		品牌成立时间		卖场数量
品牌理念				
商品品类	商品大类划分：服装□　配件□ 商品按性别划分：男（Male）□　女（Female）□ 商品按年龄划分：男成衣（Men）□　女成衣（Women）□　儿童（Kids）□ 商品按季节划分：四季□　两季□　单季□ 商品细类划分： 服装：外套□　衬衣□　长裤/裙□　短裤/裙□　T恤□　其他□ 配饰：帽子□　围巾□　腰带□　手套□　袜子□　鞋子□　包□ 其他：香水□　化妆品□　其他□			
价格体系	服装最低价格线：（　　）～（　　）元，涉及品类： 服装中档价格线：（　　）～（　　）元，涉及品类： 服装最高价格线：（　　）～（　　）元，涉及品类：			
顾客定位	顾客性别定位： 顾客年龄定位： 顾客阶层定位： 顾客职业定位： 顾客消费能力定位： 其他特征的定位：			

表 1-2　店铺客流分析表

统计项目	统计结果	抽样时间	备注
客流量			
进店量			
进店率			
触摸率			
试穿率			
成交率			
连带销售比			
注：在本次调研任务中，单位时间（抽样起止时间）=30 分钟			

表 1-2　店铺客流分析表

表 1-3　橱窗陈列分析表

橱窗商品陈列主题：			
季节		主题活动	
主推商品品类		价格带	

橱窗图片 1

橱窗图片 2

橱窗设计创意（含道具）与品牌定位、销售环境的联系：

表 1-4　店内陈列分析表

店内商品陈列主题：			
季节		是否使用道具	
店内入口处图片			
中岛位置陈列图片			
板墙位置陈列图片			

表 1-4　店内陈列分析表

休息区、试衣间等位置图片

店内硬件环境分析：

店面商品分析：

店铺灯光设备情况分析：

店员形象及陈列工作表现分析：

2. 调研报告 PPT 模板展示（图 1-41 ～图 1-58）

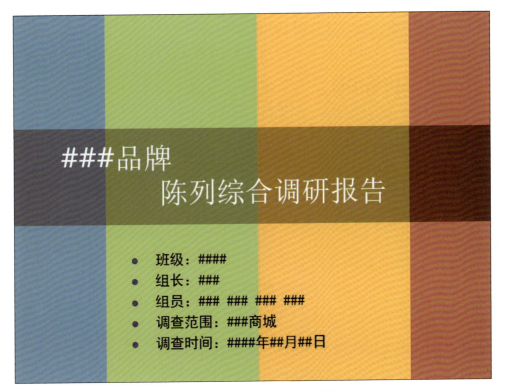

图 1-41　调研报告 PPT 封面样例

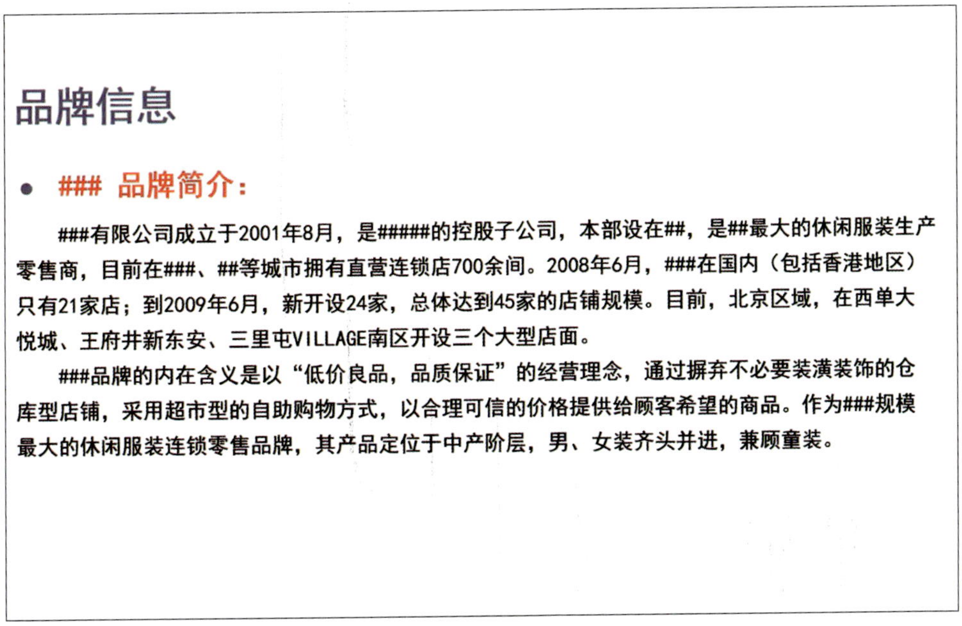

品牌信息

● **### 品牌简介：**

　　###有限公司成立于2001年8月，是#####的控股子公司，本部设在##，是##最大的休闲服装生产零售商，目前在###、##等城市拥有直营连锁店700余间。2008年6月，###在国内（包括香港地区）只有21家店；到2009年6月，新开设24家，总体达到45家的店铺规模。目前，北京区域，在西单大悦城、王府井新东安、三里屯VILLAGE南区开设三个大型店面。

　　###品牌的内在含义是以"低价良品，品质保证"的经营理念，通过摒弃不必要装潢装饰的仓库型店铺，采用超市型的自助购物方式，以合理可信的价格提供给顾客希望的商品。作为###规模最大的休闲服装连锁零售品牌，其产品定位于中产阶层，男、女装齐头并进，兼顾童装。

图 1-42　品牌简介样例

商品信息

- **商品价格定位**

  女装 99～259 元　　男装 199～329 元

  童装 59～99 元　　配件 39～199 元

- **产品性别配比**

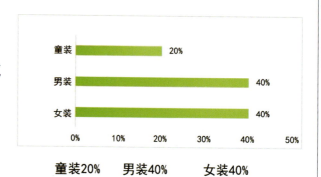

童装20%　　男装40%　　女装40%

图 1-43　商品信息样例

商品信息

- **产品线分类**

  时尚UT系列：15%

  基础款系列：75%

  配饰系列：10%

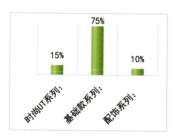

- **货品类别配比图例**

  A类：裙子　10%

  B类：上衣　40%

  C类：裤子　30%

  D类：内衣　50%

  E类：配饰　5%

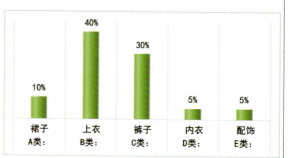

图 1-44　产品线分布样例

商品信息

- ## 产品线上货周期

产品线	一月		二月		三月		四月		五月		六月	
	1st	15th	1st	15th	1st	15th	1st	15th	1st	15th	1st	15th
基础款系列												
时尚UT系列												
配饰系列												

- ## 当前销售季节活动

　　限时特价活动　时间：5月15—24日，快干连帽运动开衫（短袖），女装限时特价149元，男装限时特价99元

图 1-45　上货周期及活动样例

商场客流分析

商场入口平面图

商场客流分析：

　　800～900人／小时

性别比例：

　　男女比为4∶6

年龄段占比：

　　17～27岁：30%

　　27～37岁：60%

　　37～57岁：10%

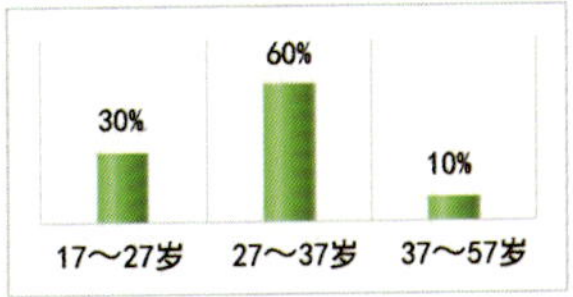

图 1-46　商圈分析样例

店铺信息

三层平面图

- **客流分析**

  店铺客流:392人/半小时

  入店率:22%

  性别比例:

  　　男女比为4∶6

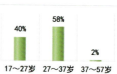

  年龄段占比:

  17～27岁:40%

  27～37岁:58%

  37～57岁:2%

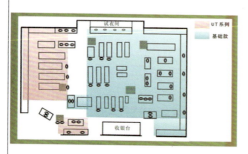

图 1-47　商场入口处客流分析样例

店铺商品分区

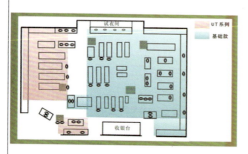

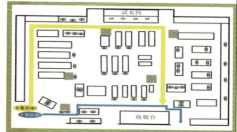

- **店铺顾客行走路线**

　　主通道120 cm以上,辅通道90 cm左右,充分考虑了顾客的购物行为,与竞争对手相比,区域分区更为简洁合理。

图 1-48　### 店铺客流分析样例

● 店铺货架及灯光分布图

　　店铺灯光呈"回"字形平均分布，实现基础照明；在模特和大幅POP广告部位做重点照明。卖场灯光整体明亮、直接。

　　店铺货架大量采用隔断层板较多的边架与中岛架，商品为叠装、正挂、侧挂的陈列形式，充分提高商品储货率。

　　店铺员工人数14人，其中，收银4人、库管1人、试衣助理2人、导购7人。衣着各色T恤品牌，只有当顾客需要帮助时才上前服务，体现"自助"特有的购物方式。

图 1-49　### 店铺内部陈列情况分析样例

● 陈列信息

　　店铺橱窗（2组VP）陈列：6个正面站立模特、多幅POP海报，出样商品均为基础款系列，橱窗形象延续品牌"百搭"概念。

图 1-50　### 店铺橱窗形象分析样例

● 陈列信息

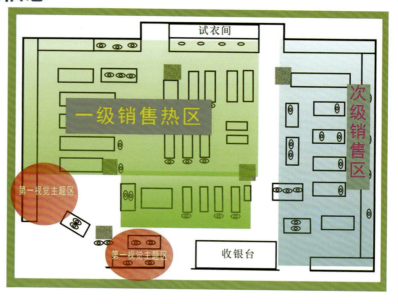

图 1-51　### 店内硬件环境分析样例

● 陈列信息

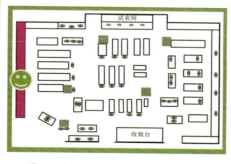 

UT系列女装陈列：

　　采用鹅黄色模特出样，采用同色不同款的陈列方式；中岛柜分上、中、下三层，采用竖向间隔叠装陈列；后方的挂通采用同色系产品作为IP点陈列。

图 1-52　### 商品陈列展示分析样例（一）

● 陈列信息

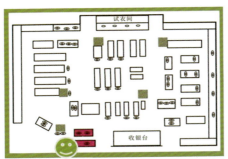 

UT系列男装陈列：
　　采用模特出样；中岛柜分上、中、下三层，叠装竖放。UT系列按商品色彩不同放置。

图 1-53　### 商品陈列展示分析样例（二）

● 陈列信息

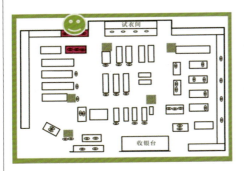 

女装内衣陈列：半身模特出样，商品按同款色彩不同分别以有彩色、无彩色间隔排放。

图 1-54　### 商品陈列展示分析样例（三）

● 陈列信息

牛仔裤区：

半身模特+POP陈列边柜上层，下层产品同款以浅—深—浅叠装放置。

图 1-55　### 商品陈列展示分析样例（四）

● 陈列信息

男装内衣区：

边柜商品按功能不同将裤（格栏）、袜子（折挂）、短裤（折挂）分三个区域陈列。

图 1-56　### 商品陈列展示分析样例（五）

● 陈列信息

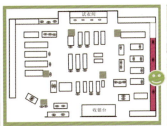

男装（休闲）区：
　　边柜+模特+边柜+模特的重复组合，其中边柜中层以两件正挂加侧挂展示，色彩采用深—浅—深的方式陈列。

图 1-57　### 商品陈列展示分析样例（六）

● 陈列信息

　　根据店铺商品陈列布局，可以得出：UT系列为二季度推出系列，货品放置在A磁点；但橱窗和正入门PP区陈列基础款，说明店内此波段基础款占主导销售，而UT系列虽占A磁点区域，但结合实地调研发现，许多本系列款已出现货号及色彩不全，明显货量不足。

图 1-58　### 卖场整体展示分析样例

课外拓展

客流量：单位时间内，经过卖场主门面的客流总数。
进店量：单位时间内，进入卖场的顾客总数。
进店率：进店量 / 客流量。
触摸率：单位时间内，触摸产品的顾客总数与进店量的比值。
试穿率：单位时间内，试穿产品的顾客总数与进店量的比值。
成交率：单位时间内，购买产品的顾客总数与进店量的比值。
连带销售比：单位时间内，销售总件数 / 销售总单数。

✂ 项目二
卖场空间规划设计

项目说明	本项目介绍卖场空间规划设计的要点和基本方法，培养学生养成分析设计思路的习惯，并做好卖场空间规划平面图的设计和绘制。
知识要点	掌握卖场空间规划设计的要点和基本方法。
技能要点	能根据品牌要求进行卖场空间规划平面图的设计与绘制。
素质要点	树立"质量强国"意识，爱岗敬业，关爱消费者，有强烈的职业责任感。

项目导航

任务一　卖场空间整体规划

　　服装企业旨在建立自己独特的品牌文化、产品定位以及延伸出来的流行特征，而服装品牌的创意必须在空间规划设计中展现出来，让消费者接受并成为忠实的客户。空间形象直接影响品牌形象，成功的空间规划设计可以营造出品牌的品位和品牌背后演绎的生活理念和文化理念。

卖场空间整体规划

　　服装卖场空间整体规划要根据服装商品的特点，灵活选择服装的展示部位、展示位置、叠放方法等，达到吸引消费者，并且便于消费者参观选购的目的；同时卖场空间整体规划要根据消费者的心理要求和购物习惯注重服装产品展示的丰富感，以便消费者能够对服装的质量、款式、色彩、价格等进行比较。同一款式或同一系列的服装应放在同一区位展示，陈列的高度也要适宜，同时须提高服装的能见度和正面视觉效果。

一、服装卖场商品体系的构成

　　服装卖场商品体系的构成要从品类、款式、价格、颜色等方面进行分析。服装卖场空间整体规划要针对顾客层、顾客购买习惯进行设计。商品企划组合的好坏直接影响商品的销售情况。

按卖场商品品类构成的商品体系，如图2-1所示。

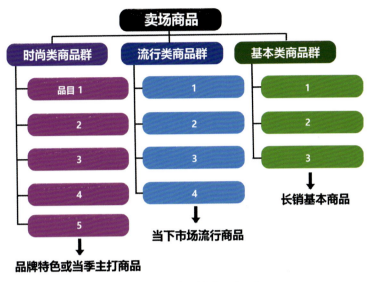

图2-1　商品体系构成图（一）

按卖场商品企划构成的商品体系，如图2-2所示。

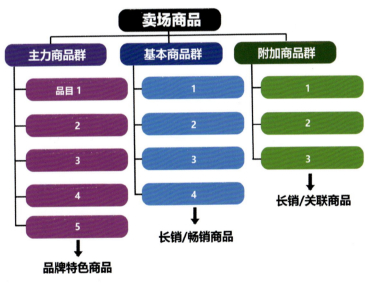

图2-2　商品体系构成图（二）

实例分享

　　服装企业在准备向市场推出新品时，都要先对企业内部现有服装的品种、色彩、款式、成本、价格以及批发商、零售商和顾客的信息反馈等各种数据进行整理分析，以便决定新一季推出服装的品种和产品组合。可以将服装商品企划的几个主题直接作为陈列的主题，对主打服装做出陈列手册，指导卖场陈列摆放，如图2-3～图2-5所示。

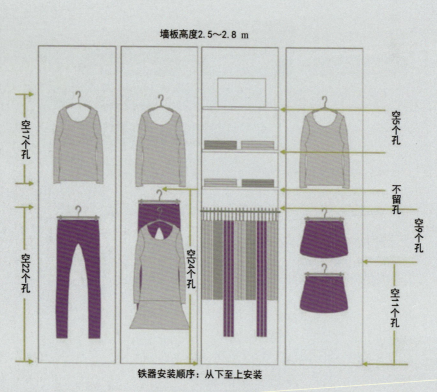

图 2-3　陈列手册内页图（一）

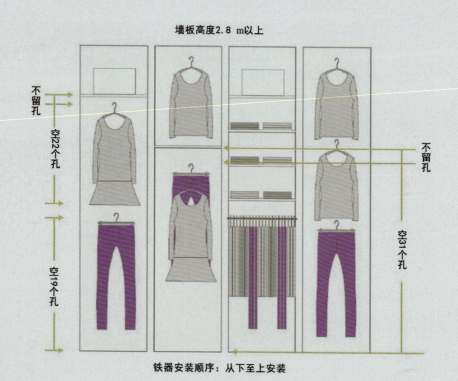

图 2-4　陈列手册内页图（二）

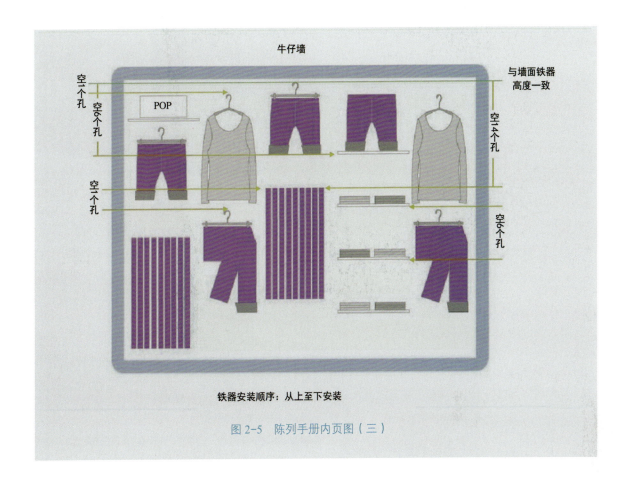

图 2-5　陈列手册内页图（三）

二、卖场商品规划设计要求

卖场商品规划设计的要求，在于使顾客方便、舒适、愉悦地选购，同时也方便卖场进行管理，这也是陈列师进行任何商品规划工作的基本原则。

消费者进入卖场，首先扫视整个卖场空间，其次不断地寻找自己感兴趣的商品，一旦开始触摸和了解商品，大部分人就会试穿或直接购买。那么，在服装品牌竞争激烈的情况下，如何对商品进行分类、展示，以此吸引消费者，并让消费者能够省时、省力地找到感兴趣的商品，就十分重要。

"易看到、易摸到、易选择、易组合、易购买"是卖场商品规划设计的要求，陈列师首先要做的就是对商品进行分类，只有分类以后的商品，才能变得有秩序、有美感，才能吸引消费者、留住消费者、方便消费者，卖场空间规划设计如图 2-6 ～图 2-9 所示。

图 2-6　卖场空间规划设计（一）

图 2-7 卖场空间规划设计（二）

图 2-8 卖场空间规划设计（三）

图 2-9 卖场空间规划设计（四）

三、服装陈列道具的使用

服装陈列道具是为了增加陈列展示的气氛和突出系列主题，吸引消费者的注意，增加消费者的浏览时间而准备的道具。恰当地运用服饰配件和与服装主题有关的陈列道具，能够达到很好的陈列展示效果，服装卖场中一般常用的道具有服饰配件、花卉植物、工艺品等，如图 2-10 ～图 2-12 所示。

图 2-10　服装陈列道具（一）　　　图 2-11　服装陈列道具（二）　图 2-12　服装陈列道具（三）

四、服装卖场色彩的配置

　　陈列商品时，如果商品大小差不多，就应选择把亮色的商品摆放到靠上的位置，暗色的商品摆放在偏下的位置，才能使挑选商品的消费者视线自然地从上往下移动，安心地挑选物品。如果暗色的商品摆放在上面，消费者从心理上就会有一种商品马上就要掉下来的不安感。在卖场入口陈列商品时，色彩的排列要按从亮色到暗色的顺序，卖场内的货架上则要按照从上到下越来越暗的顺序陈列，才能给人以稳定感。用明亮色装饰的空间看上去比用深灰色装饰的空间宽，也就是空间明度高，会在视觉上显得大，明度低，则显得小，在同一色系里，明度越高，视觉上越显得有扩张感，所以常把明亮的颜色陈列在前面，稍冷的色彩和最暗的色彩陈列在后面，如图 2-13、图 2-14 所示。

图 2-13　色彩的配置（一）　　　　　　　　图 2-14　色彩的配置（二）

五、服装卖场灯光照明配置

　　服装卖场橱窗在夜晚会呈现出与白天完全不同的景象，在灯光的簇拥下更能彰显出品牌的魅力和特色。橱窗内的灯具呈现出不同的颜色，仿佛舞台上的表演拉开了帷幕一般，给人产生强烈的视觉冲击力。由于灯光的烘托增加了橱窗的魅力，使在很远地方的行人也能很快被吸引过来。

　　一般来说，为了满足消费者观看服装的要求，照明既要符合视觉规律，又要保证服装具有很好的展示效果。陈列师会事先了解服装的特性和观察其所处的周围环境，从而选择合适的灯具，运用不同明暗、颜色的光源和照明的角度，用最完美的照明效果去表现、诠释服装，烘托品牌形象，吸引消费者视线。所以照明是一门精美的艺术。灯光本身就复杂而绚丽，美感十足，它的正确应用能够对空间进行再塑造，并赋予其独特的个性，营造出良好的展示氛围。因此，照明是卖场艺术中的重要表现手法和吸引消费者的手段之一，如图2-15、图2-16所示。

图2-15　卖场灯光照明配置（一）

图2-16　卖场灯光照明配置（二）

任务二　服装卖场通道规划设计

　　合理的通道规划设计，能够引导消费者走遍卖场的每一个角落，让消费者接触到各种商品，使卖场空间得到有效的利用。服装卖场通道主要划分为主通道和副通道。主通道作为引导顾客行动的主线，应摆放热销款及流行款，以便使顾客看到、摸到。而副通道作为消费者在卖场内移动的支线，一般用于布置辅助款及普通款商品。

一、服装卖场通道类型

1. 直线型通道

　　直线型通道中，消费者的行走路线是沿着同一通道做直线往复运动（图2-17）。直线型通道通常是以卖场的入口为起点，以卖场的收银台为终点。直线型通道的优点是布局简洁，商品一目了然，消费者容易寻找到目标商品，便于快速结算。缺点是卖场内易形成生硬、冷淡和一览无遗的气氛。

2. 斜线型通道

　　斜线型通道的特点是货架和通道呈菱形分段布局（图2-18）。这种通道的优点在于它能使顾客随意浏览，活跃气氛，易使顾客看到更多商品，增加更多购买机会。缺点是不能充分利用场地面积。

3．自由型通道

自由型通道是指货架布局灵活，呈不规则路线分布的通道（图 2-19）。其优点是没有固定或专设的布局形式，销售形式也不固定，消费者可以随意穿行于各个柜台或货架。缺点是浪费空间且无法引导消费者的购买路线，客流量大时，容易出现混乱现象。

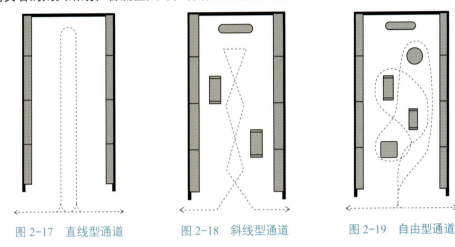

图 2-17　直线型通道　　　图 2-18　斜线型通道　　　图 2-19　自由型通道

二、服装卖场通道规划设计标准

一般情况下，主通道宽度不得小于 120 cm，副通道宽度不得小于 90 cm。

当一个人通过卖场通道时，卖场通道宽度需要达到 60 cm；当一个人面向货架，而另一个人从其背后经过时，卖场通道宽度则至少需要达到 90 cm；当两个人正面相向而行时，此时的宽度至少要达到 120 cm；两人擦肩而过时，卖场通道宽度同样也至少需要达到 120 cm，如图 2-20 所示。

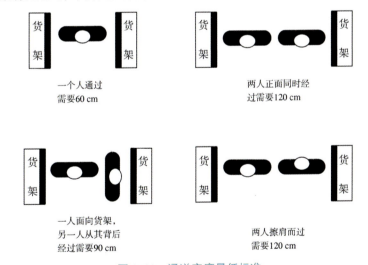

一个人通过
需要60 cm

两人正面同时经
过需要120 cm

一人面向货架，
另一人从其背后
经过需要90 cm

两人擦肩而过
需要120 cm

图 2-20　通道宽度最低标准

三、服装卖场通道规划设计原则

在服装卖场中，主副通道均是为了全面有效地展示服装商品进行规划设计的。以下是在服装卖场通道规划设计过程中应遵循的相关原则。

（1）能有效地延伸到卖场内部，便于空间内全部服装的展示。

（2）地面平坦，道路宽阔，没有障碍物，利于消费者的行进。

（3）通道中的照明度比卖场明亮，尤其是主通道，因为这里是客流量最大、利用率最高的地方。卖场里要比外部照明度增强 5%。

任务三　服装卖场区域规划设计

整洁、良好、有序、易于选购的卖场环境，会增加消费者的好感度，提升品牌和卖场的形象，这就需要对卖场进行合理的区域规划设计，使消费者可以在卖场里欣赏服装、了解服装，并最终产生购买意向。同时，在此期间还能随时得到良好的休憩与服务，如图 2-21 所示。

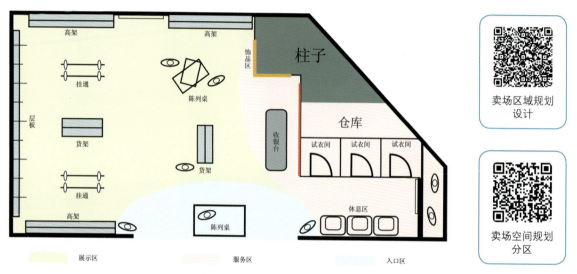

图 2-21　卖场区域规划设计图

一、入口区

入口区不仅具有展示功能，还具有销售功能，会采用陈列人模展示流行趋势或品牌产品搭配的方案，以品牌文化运动道具营造氛围、提高灯光亮度。它在吸引消费者进入卖场的同时，潜移默化地展示着品牌形象，引导顾客"步步深入"，对卖场中的服饰有一个全面、深入的了解（图 2-22、图 2-23）。

图 2-22　卖场入口区（一）

图 2-23　卖场入口区（二）

二、展示区

展示区是卖场区域规划的核心，由陈列桌、层板等构成，引导顾客的行走路线，如图2-24所示。展示区与其他区域的相互关系也会对区域整体展示效果产生影响，因此，在规划设计展示区时必须综合考虑。

三、服务区

服务区包含休息区、收银台、试衣间和仓库。其规划设计要根据展示区的具体位置进行布局。同时，本着方便消费者欣赏服饰、试穿衣物、购买商品以及休憩的目的，在不影响入口区、展示区面积的基础上，应尽量体现服务区整洁、宽敞、通畅的效果，以带给

图2-24　卖场展示区

消费者良好的服务体验，如图2-25～图2-30所示。为体现出现代商业的人性化，大多数高档品牌都为消费者设置了休息的地方，有的品牌还在休息区设置了商品展示，将销售不动声色地进行着。

陈列师在进行服装卖场区域规划设计时，还须依据服装品牌的文化、消费者的购买习惯以及商品结构等将入口区、展示区、服务区通过绘制平面图的形式表达出来，作为随时调整规划方案的依据。

图2-25　卖场休息区（一）

图2-26　卖场休息区（二）

图2-27　卖场收银台（一）

图2-28　卖场收银台（二）

图 2-29 卖场试衣间（一）

图 2-30 卖场试衣间（二）

项目实训

一、实训任务

完成绘制卖场平面规划设计图 1 份。

二、实训要求

（1）绘制卖场平面规划设计图须用黑色签字笔勾边，用彩色笔标出功能分区。

（2）手绘或软件完成均可。

（3）绘制的卖场平面规划设计图不能小于 A4 纸，可装裱。

三、实训注意事项

（1）须确定卖场的品牌风格、消费群体、服装价格带。

（2）须确定卖场面积、出入口、橱窗位置等硬件。

（3）绘制卖场平面规划设计图时须注意标明卖场功能分区。

四、实训相关模板展示

1. 卖场货架简易平面图示（表 2-1）

表 2-1　卖场货架简易平面图示

图例	名称	图例	名称
	方形货架		圆形货架
	三角形货架		陈列桌
	立体陈列货架		一字形货架

续表

图例	名称	图例	名称
	梯形支架		圆管抓钩
	层板、挂通		陈列墙

2. 卖场平面规划设计图样例（图 2-31 ~ 图 2-34）

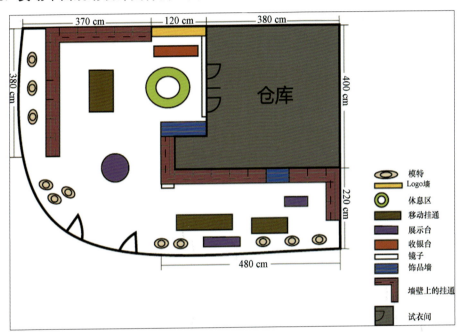

图 2-31 女装卖场平面规划设计图样例

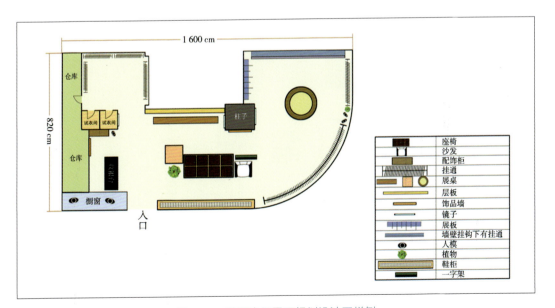

图 2-32 男装卖场平面规划设计图样例

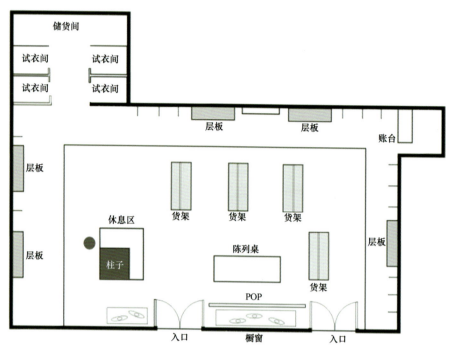

图 2-33　休闲装卖场平面规划设计图样例

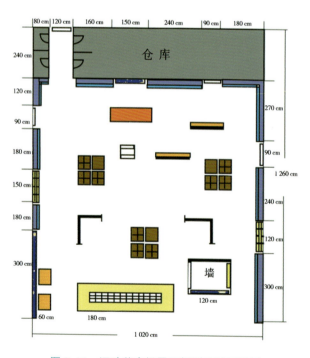

图 2-34　运动装卖场平面规划设计图样例

项目三
服装陈列形态构成

项目说明 本项目首先介绍卖场空间陈列设施，然后对服装陈列形态构成的概念与原则以及服装陈列的基本方式和方法等进行详细的讲解。

知识要点 了解服装陈列设施，了解服装陈列形态构成的概念、原则，掌握服装陈列形式和陈列组合方法。

技能要点 能够运用服装陈列形态构成的原则，手绘或用软件绘制陈列形态货架图，并能在卖场中运用相关陈列形式与组合方法，完成货架和墙板的陈列工作。

素质要点 注重小组团结协作能力，增强品牌营销、策划以及服务社会的能力。

项目导航

任务一　卖场空间陈列设施

服装品牌理念是陈列设计所要展现的重点内容，但品牌所要体现的理念非常抽象，所以，在展现品牌理念时，需要搭配服装陈列设施使之具象化，使品牌理念和品牌形象在顾客心目中逐渐清晰和完整，使品牌文化变得让顾客容易理解和接受，使顾客真正了解并记住品牌。国有服装品牌在进行陈列设计时，要增强文化自信，围绕举旗帜、聚民心、育新人、兴文化、展形象建设社会主义文化强国，发展面向现代化、面向世界、面向未来的大众的社会主义文化，激发全民族文化创新创造活力。下面对服装卖场中的陈列设施进行介绍。

服装陈列基本
形态及组合形式

一、陈列柜

陈列柜是具有陈列商品、保护商品、收藏商品功能的陈列道具。陈列柜有封闭式陈列柜和开放式陈列柜两种类型，可根据商品的定位和特点选择。服装卖场比较常用的是开放式陈列柜，因为这种陈列方式既显得比较亲切，又方便消费者购买，如图3-1～图3-3所示。

图 3-1　开放式陈列柜（一）

图 3-2　开放式陈列柜（二）

图 3-3　开放式陈列柜（三）

二、展示台

展示台有直线形、S形、圆形等类型。布置展示台时应注意它的高度是否便于消费者挑选服装，宽度是否符合视觉上的美感等问题。服饰在展示台上可采取立体化的陈列方式，使其全貌一目了然。采用这种陈列方式时，须注意卖场空间、服饰和展示台之间的协调搭配，尤其是子母台须与其他装饰物或道具进行组合，才能达到最佳效果。另外，圆形台或U形台通常搭配模特、道具等，以体现其在卖场的主体性，如图3-4～图3-7所示。

图 3-4　展示台（一）

图 3-5　展示台（二）

图 3-6　展示台（三）

图 3-7　展示台（四）

三、服饰吊架

　　服饰吊架是现代服饰陈列时不可或缺的陈设道具。服饰吊架的布置，不但可以创造富有生气的卖场，还可以使服饰增加表现力。服饰吊架可根据不同风格的服饰设计不同的样式。服饰吊架在样式上分为组合式与固定式两种。因为服饰吊架可以灵活组合应用，所以可以使卖场空间既不显得过于空洞，也不显得过于拥挤，如图 3-8 所示。

图 3-8　服饰吊架

四、服饰支架

　　服饰支架主要分为外衣支架和饰品支架。外衣支架一般用于服装的正面陈列（图 3-9），饰品支架一般用于陈列帽子、头饰、包等（图 3-10）。

图 3-9　外衣支架

图 3-10　饰品支架

五、人体模特

　　人体模特一般可分为仿真人模、雕塑人模、抽象人模和调整式扁身模特四种。

1．仿真人模

　　仿真人模又称为模拟人模，这种人体模特酷似真人，适合用于橱窗展示、卖场主题性陈列以及需要营造氛围的陈列和展示，如图3-11～图3-14所示。

2．雕塑人模

　　雕塑人模形象类似艺术雕塑，无具象五官，感觉较为抽象、冷峻，不像仿真人模那样具有生命感，所以，雕塑人模只用于各类流行服饰及具有代表性服饰的陈列和展示，如图3-15、图3-16所示。

图3-11　仿真人模（一）

图3-12　仿真人模（二）

图3-13　仿真人模（三）

图3-14　仿真人模（四）

图3-15　雕塑人模（一）

图3-16　雕塑人模（二）

3．抽象人模

　　抽象人模只具有人体的三围，无头部，甚至和一般的衣架结构类似。抽象人模适合表现并突出流行服饰，如图3-17、图3-18所示。

图 3-17　抽象人模（一）

图 3-18　抽象人模（二）

4．调整式扁身模特

调整式扁身模特在衣服的穿着更换上非常容易，而且无论放在哪里，都容易融合于卖场中，如图 3-19、图 3-20 所示。

图 3-19　调整式扁身模特（一）

图 3-20　调整式扁身模特（二）

任务二　服装陈列形态构成的概念与原则

一、服装陈列形态构成的概念

服装陈列形态构成，就是服装在卖场中呈现的造型和组合方式。在服装卖场中，有货架的组合、商品之间的组合、道具和商品的组合，通过有意识地安排和组织展示服装、配饰及商品的方式来吸引顾客注意。服装陈列形态构成要从美学、管理和销售等方面综合考虑。

二、服装陈列形态构成的原则

虽然不同服装品牌的陈列形态规范和标准会有一些差别，但在服装卖场进行服装陈列展示时还须遵循以下基本原则。

1. 保持序列感

服装的造型首先要打理得整整齐齐并分类放置，排列要有次序和规律，整个卖场要保持一致的尺寸顺序，使消费者可以迅速地寻找到所需尺码。

2. 展示美感

服装陈列的主要目的就是吸引顾客的目光，激起顾客的购买兴趣。所以，服装陈列的首要任务就是要将服装的美感展示出来，富有美感的陈列展示可以使服装增值。

3. 符合品牌风格

服装陈列的造型必须和品牌的风格相吻合。品牌风格就如人的性格，每一个品牌都应有自己独特的陈列形态和风格，须按照适合品牌自身的陈列造型和风格进行展示。

4. 合理的组合排列方式

组合排列的方式要合理，要能带动销售，使消费者的购买简捷、方便，使导购员的销售和管理便捷。

任务三 服装陈列的基本方式和方法

一、服装陈列的基本方式

根据品牌定位和风格的不同，服装卖场中陈列的基本方式主要有正挂陈列、侧挂陈列、折叠陈列、人模陈列。

服装陈列形态
构成设计

1. 正挂陈列

正挂陈列是将服装以正面展示的一种陈列方式（图3-21）。在陈列服装时，可以上下装搭配的方式展示，以强调服装的风格和设计卖点，吸引消费者购买（图3-22）。它具有展示服装的款式细节、搭配效果、体现区域色彩等作用，但需要占用较大的陈列面积（图3-23）。

图 3-21　正挂陈列（一）　　　　图 3-22　正挂陈列（二）　　　　图 3-23　正挂陈列（三）

2．侧挂陈列

侧挂陈列一般采用组挂的方式展示，这样既可以保证较大的服装存放量，又方便消费者拿取、试装，如图3-24～图3-26所示。侧挂陈列时须考虑服装商品的整体性以及每组服装的件数、组数、组别和间距。它具有存储货物、构造陈列色区、体现组合搭配等作用。但侧挂陈列无法一眼看清服装商品的全貌，对于领子、前襟等前衣部位设计特殊的服装款式陈列效果不佳。

在同一货架上同时展现正挂陈列和侧挂陈列是服装陈列中的最佳组合方式，这种方式既可以为消费者提供搭配的技巧，又可让消费者挑选服装时便利快捷，如图3-27、图3-28所示。

图 3-24　侧挂陈列（一）

图 3-25　侧挂陈列（二）

图 3-26　侧挂陈列（三）

图 3-27　正挂陈列和侧挂
陈列组合（一）

图 3-28　正挂陈列和侧挂陈列组合（二）

3．折叠陈列

折叠陈列一般用于文化衫、牛仔裤、毛衫等服装的陈列，具有储藏货物、展示局部特色、体现色彩搭配等作用，缺点是只能看到服装款式和局部色彩，如图3-29、图3-30所示。

我们可以采用挂式陈列和折叠陈列相组合的方式展示服装（图3-31）。这种陈列组合方式使顾客能够在挂放的服装附近直接找到折叠陈列的同类服装。另外，它还可以在展示不同品类、风格和档次的服装的同时，体现服装的组合搭配效果，促使顾客整套购买服装，增加销售额，获取最大利润。

4．人模陈列

人模陈列通常在服装陈列空间需塑造品牌形象和体现品牌风格时采

图 3-29　折叠陈列（一）

用。橱窗中的人模陈列可以相对独立存在，卖场中的人模陈列需注意与其他陈列形式相协调。采用人模陈列时还需注意单件服装的代表性，成套服装的搭配性、时尚性，需要组合的套数等方面。最后，人模着装需经熨烫，模特需分组陈列，同组模特着装颜色为2～3种，如图3-32～图3-34所示。

图 3-30　折叠陈列（二）

图 3-31　挂式陈列和折叠陈列组合

图 3-32　人模陈列（一）

图 3-33　人模陈列（二）

图 3-34　人模陈列（三）

二、服装陈列的方法

在服装陈列展示中，我们往往会运用各种服装陈列方法将服装展示出来，以表现服装的魅力与价值。下面对服装陈列方法进行详细讲解。

服装陈列形态
构成之陈列组合

1．对称法

对称法就是以一个中心为对称点，两边采用相同排列方式的服装陈列方法。这种陈列方法的特点是具有很强的稳定性，给人一种有规律、安定、完整、平和的美感。但是过多使用会给人呆板、没有生机、缺少变化的感觉。最好的解决方法是在对称的基础上适当进行细节性的调整，使服装陈列面更具商业性美感，如图3-35、图3-36所示。

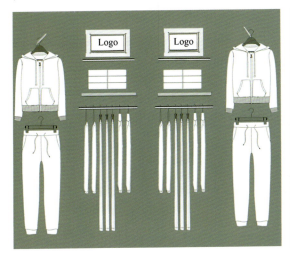

图 3-35　对称法陈列效果图（一）

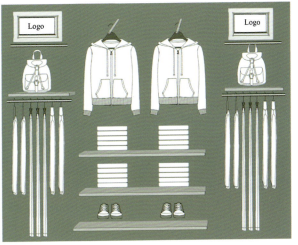

图 3-36　对称法陈列效果图（二）

2．均衡法

均衡法打破了对称的格局，通过对服装、饰品的陈列方式、位置的精心摆放，来获得一种新的平衡。这种陈列方法的特点是避免了对称法过于平和、宁静的感觉，同时在秩序中重新营造出一份动感，如图3-37所示。

3．重复法

重复法是指服装或饰品在一组陈列面或一个货柜中，采用两种以上的陈列形式进行多次交替循环的陈列方法。这种陈列方法的特点是通过多次的交替循环产生某种节奏，形成一种节奏美，如图3-38所示。

服装陈列的最终目的是在销售终端展现出品牌最佳效果，以提高销售额和消费者满意度，并把这两项反馈信息作为最终的效果评估指标。卖场

图 3-37　均衡法陈列效果图

图 3-38　重复法陈列效果图

若想取得良好的评估效果，需在服装陈列设计过程中注意陈列的更换周期。

三、陈列调整

服装陈列需按照陈列周期进行调整。陈列调整的方式分为大调整与小调整两种。

1．大调整

服装陈列每两周就需彻底进行调整，如图3-39、图3-40所示。

卖场中各服装展示区需设立新焦点，同时使用新款POP；需经常更新服装的局部展示形式或进行整体位置调整；每1～2周需重新规划卖场的货品陈列格局及模特展示；每3天需更换一次模特及挂放陈列的服饰搭配；另外，缺货时应尽可能将适合挂放陈列的服装展开挂放，并进行多元化组合搭配。

图3-39　服装陈列大调整前实例图　　　　　　图3-40　服装陈列大调整后实例图

2．小调整

卖场内客流较少时，需由卖场的员工自行根据陈列的基本规则（如大小号的排列、衣架的朝向等）对服装陈列进行小范围的调整，同时，需保证卖场内的整洁。每次有新款到货时，应对卖场内服装陈列做一些小的调整，至少要保证新款服装均陈列在相应色区内，如图3-41、图3-42所示。

图3-41　服装陈列小调整实例图（一）　　　　图3-42　服装陈列小调整实例图（二）

实例分享

　　女装店面主要以反映流行性和时尚性的表现为基本，女性对色彩有着敏感的反应，对热情颜色的喜爱度也比男性高。女装卖场的陈列设计以能让女性消费者长时间停留为原则。女装卖场运用淡紫色与白色可以营造出轻松又柔和的氛围（图3-43）；红色与白色搭配具有刺激效果，容易吸引消费者的目光（图3-44）；绿色与其他颜色搭配时会使消费者产生稳定感（图3-45）。女装卖场中配置人模的数量需在2～3个或以上，道具、背景的素材和色彩要有统一感。

服装陈列基本形态及组合实训过程——男装陈列展示

服装陈列基本形态及组合实训过程——女装陈列展示

图3-43　女装卖场陈列实例图（一）

图3-44　女装卖场陈列实例图（二）

图3-45　女装卖场陈列实例图（三）

项目实训

一、实训任务

　　（1）依据项目二中项目实训任务里确定的卖场的品牌风格、消费群体、服装价格带，完成卖场服装陈列设计图两张。

　　（2）根据卖场实际情况，运用不同的陈列方法进行店面调整。

二、实训要求

　　（1）卖场服装陈列设计图尺寸分别为360 cm（宽）×240 cm（高）与480 cm（宽）×240 cm（高）。

（2）卖场服装陈列设计图的绘制用手绘或软件完成均可。

三、实训注意事项

（1）需清点实训卖场里的陈列设备、模特数量。

（2）需合理规划卖场区域。

（3）实训小组每组人数须三人以上，包含三人。

四、实训相关模板展示（图3-46～图3-49）

服装陈列形态及组合实训过程——休闲装陈列展示

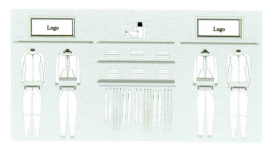

图 3-46　卖场服装陈列设计样图（一）

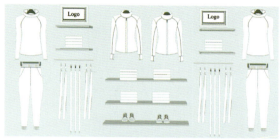

图 3-47　卖场服装陈列设计样图（二）

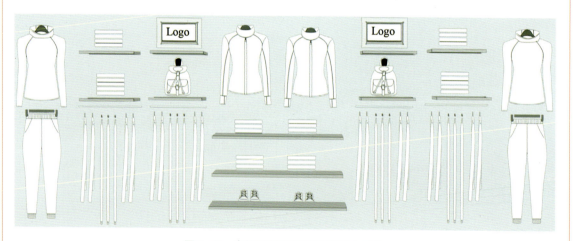

图 3-48　卖场服装陈列设计样图（三）

图 3-49　卖场服装陈列设计样图（四）

项目四 ✂
服装陈列色彩设计

项目说明 本项目主要介绍色彩的相关基础知识以及服装陈列色彩设计的技巧与注意事项。

知识要点 学习服装陈列设计中色彩的搭配方式与设计方法。

技能要点 能够根据卖场的实际情况，有效地运用色彩搭配技巧进行服装陈列色彩设计。

素质要点 增强实现中华民族伟大复兴的历史责任感和使命感，培养尚美强技、尊重他人、团结协作、不辞辛苦的职业精神。

任务一　色彩基础知识

相较于服装的款式、面料而言，色彩更容易成为消费者的关注中心，每个品牌对各个季节的服装都会有不同的色彩设计方案。在服装陈列展示中，色彩搭配是最基本的也是最重要的一个因素。

一、色彩的三原色

色彩的三原色分别为红色、黄色、蓝色，如图 4-1 所示。所有色彩都是由三原色组成的，因此，原色的纯度最高。

二、色彩的三要素

色彩可用色调（色相）、饱和度（纯度）和明度来描述。人眼看到的任一彩色光都是这三个要素的综合效果，这就是色彩的三要素，如图 4-2 所示。

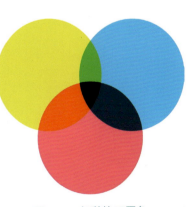

图 4-1　色彩的三原色

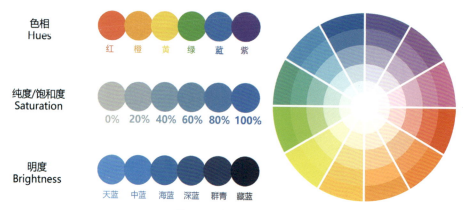

色相
Hues

红 橙 黄 绿 蓝 紫

纯度/饱和度
Saturation

0% 20% 40% 60% 80% 100%

明度
Brightness

天蓝 中蓝 海蓝 深蓝 群青 藏蓝

图 4-2　色彩的三要素

三、色彩的情感

色彩的情感指的是不同波长色彩的光信息作用于人的视觉器官，通过视觉神经传入大脑后，经过人的思维，与人以往的记忆及经验产生联系，从而使人形成一系列的色彩心理反应。

不同的色彩会让人产生不同的感觉，暖色系的服饰会让人产生热情、明亮、活泼等感觉（图 4-3），冷色系的服饰则会令人产生安详、宁静、稳重等感觉（图 4-4）。另外，纯度低的色彩会使服饰具有朴素感（图 4-5），纯度高的色彩则会使服饰具有富丽华美感（图 4-6）。陈列师在进行服装色彩搭配时需根据卖场实际的陈列展示目的具体搭配。

图 4-3　暖色系服饰

图 4-4　冷色系服饰

图 4-5　色彩纯度低的服饰

图 4-6　色彩纯度高的服饰

任务二　服装陈列色彩的特点

　　服装是流行的产物，在它身上不光包含了物质层面的东西，而且包含了精神层面的东西。服装同其他商品相比，具有自身的一些特点，只有充分掌握其特点才能更好地完成服装卖场的色彩规划设计。根据服装的产品特点、销售手法、销售对象进行分析，服装的色彩特点主要有以下几点。

一、多样性

　　每个服装品牌都有自己特定的消费群体，即使在同一消费群体中，不同的人，审美观也会有所差异。因此，为了满足消费者不同的审美需求，品牌商都会在每一季服装中推出色彩和款式都有所不同的 3～4 个系列，同时，多色系服装并存的卖场也考验着服装陈列师对整体色彩的调配能力，如图 4-7、图 4-8 所示。

二、变化性

　　服装是季节性非常强的商品，特别是在季节交替的时候，卖场中经常会出现两季服装同时销售的情况，卖场中的色彩搭配也由此变得复杂起来，如图 4-9 所示。

图 4-7　服装色彩的
多样性（一）

图 4-8　服装色彩的
多样性（二）

图 4-9　服装的变化性

三、流行性

　　服装还是最具有流行感的商品，因此，作为服装陈列师，不仅要学习常规的色彩搭配方法，还要随时关注新的流行色彩与搭配方法，以便为卖场服装的色彩规划不断注入新的元素。

任务三　服装陈列色彩设计规划

一、服装色彩的搭配方式

服装陈列色彩
设计

　　服装色彩的搭配是体现品牌魅力灵魂的方式，也是充分展现商品价值的所在。优秀的服装色彩搭配能将商品的风格、配饰整体的感觉展现出来。

1．类似色搭配

服装的类似色搭配会给消费者一种柔和、宁静的感觉。卖场中服装的类似色搭配包括单套服装上下装之间的类似色搭配、服装和背景的类似色搭配，如图4-10所示。

2．对比色搭配

服装对比色搭配的特点是色彩比较强烈、视觉的冲击力比较大。因此这种色彩搭配经常出现在橱窗的陈列中。

卖场中的服装对比色搭配也包括单套服装上下装之间的对比色搭配、服装和背景的对比色搭配，如图4-11所示。

对比色和类似色两种色彩搭配方式在服装卖场的色彩规划中是相辅相成的。如果服装卖场中全部采用类似色搭配，就会显得过于宁静，缺乏动感。反之，太多地采用对比色搭配，则会使消费者感到躁动不安。所以，每个品牌都必须根据自己的品牌文化和目标消费群体选择合适的色彩搭配方案，并规划好两者之间的比例。

图4-10　服装类似色搭配实例图

图4-11　服装对比色搭配实例图

二、服装陈列色彩设计方法

服装陈列色彩设计，就是服装陈列师对色彩进行不同搭配组合，从而呈现出美的陈列效果。在进行服装陈列色彩设计时，还需充分考虑目标消费群体对色彩的偏好与敏感程度，使消费者进入卖场之后，就能拥有一种舒适、愉快的购物心情。下面我们就来具体介绍服装陈列色彩设计的相关方法。

服装陈列色彩
设计的方法

1．渐变配色

渐变配色经常在侧挂、叠装陈列中使用，是以服装色彩的深浅程度不同依次排列，采用按梯度递进的陈列色彩设计方法。这种方法不仅能创造出富有层次感的陈列效果，还能带给消费者宁静、和谐的美感，如图4-12～图4-15所示。

2．间隔配色

间隔配色是通过两种以上的色彩间隔和重复产生出韵律感和节奏感的陈列色彩设计方法，如图4-16～图4-19所示。这种方法可以使卖场中充满变化，让人感到兴奋，并且由于其灵活的组合方式以及其适用面广等特点，同时又加上其美学上的效果，广泛运用于服装陈列中。实际操作中我们须注意色彩的变化，还须综合考虑服装的长短、厚薄，素色还是花色等变化因素。

3．彩虹配色

彩虹配色是将服装按照色环上红、橙、黄、绿、青、蓝、紫的顺序排列的陈列色彩设计方法。这种方法能够带给消费者和谐、温馨、浪漫的感觉，大多数应用在配饰陈列中，比如男装中的领带，女装中的丝巾、帽子、项链等配饰的陈列，如图4-20、图4-21所示。

图 4-12　渐变配色实例图（一）

图 4-13　渐变配色实例图（二）

图 4-14　渐变配色实例图（三）

图 4-15　渐变配色实例图（四）

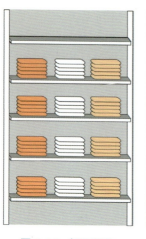

图4-16 间隔配色
效果图（一）

图4-17 间隔配色
效果图（二）

图4-18 间隔配色
效果图（三）

图4-19 间隔配色
效果图（四）

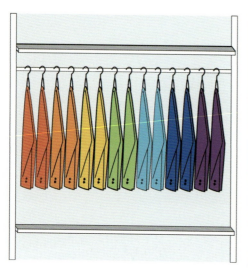

图4-20 彩虹配色效果图（一）

图4-21 彩虹配色实例图（二）

三、服装陈列色彩设计的注意事项

（1）对比色或互补色的组合会形成明显的对比，因此，需加入其他过渡色，弱化色彩反差，使人容易接受。同时，需保证服装陈列的整体感不被破坏，如图4-22、图4-23所示。

（2）服装卖场陈列色彩设计需注意不得同时使用多种颜色，尤其是主色以不超过3种颜色为宜（图4-24），以免杂乱无章，破坏主色的效果。另外，还要避免大面积使用鲜亮的颜色，以免使消费者产生排斥感，同时，服装卖场中的装饰色与服装商品搭配不应产生不和谐感，两者之间应相互协调（图4-25）。

（3）上装下装、帽子、皮鞋、包、饰品等的色彩、面料、细节、款式等要素，需按照服装商

图4-22 对比色组合实例图

品的共同性或相互关联性分类，协调统一，使之具有整体感，如图 4-26、图 4-27 所示。

图 4-23　互补色组合实例图　图 4-24　服装卖场色彩设计（一）　图 4-25　服装卖场色彩设计（二）

图 4-26　服饰陈列搭配实例图（一）　　　　图 4-27　服饰陈列搭配实例图（二）

项目实训

一、实训任务

（1）为项目三中实训任务里的卖场服装陈列设计图添加色彩。

（2）根据卖场实际情况，运用陈列色彩设计的相关方法进行店面调整。

二、实训要求

（1）注意服装陈列色彩设计方法的应用。

（2）可以根据具体服装品牌风格调整设计图背景色。

（3）色彩绘制可用手绘或软件完成。

服装卖场货架陈列
色彩设计图实例

三、实训相关样例展示（图 4-28 ～图 4-30）

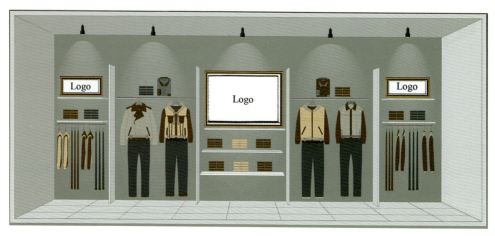

图 4-28　服装陈列色彩绘制样图（一）

图 4-29　服装陈列色彩绘制样图（二）

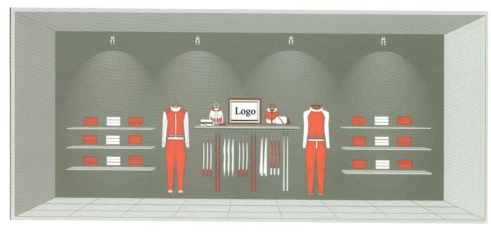

图 4-30　服装陈列色彩绘制样图（三）

项目五
视觉营销氛围设计

项目说明 本项目详细介绍服装陈列视觉营销氛围设计中的陈列道具设计、照明设计，以及 POP 设计。

知识要点 学习陈列道具设计要领、陈列照明的布置方法与 POP 的作用与分类。

技能要点 能够通过在卖场中应用陈列道具与布置灯光及 POP 广告，凸显品牌的风格与文化。

素质要点 培养社会责任感和社会主义核心价值观，培养爱岗敬业、诚实守信、甘于奉献的职业精神及勇于创新创业的精神。

项目导航

任务一　陈列道具设计

根据品牌的定位和风格，选择相应的陈列道具和装饰元素，以突出品牌的个性和特点。道具和装饰物不仅能够起到衬托服装的作用，还能够吸引顾客的目光，提升品牌形象和销售业绩。应用陈列道具时，既要能突出服装风格，又要使效果显得自然和谐，否则就会有喧宾夺主的情况出现。国有品牌在陈列氛围营造上，要坚守中华文化立场，提炼展示中华文明的精神标识和文化精髓，构建中国话语和中国叙事体系，展现可信、可爱、可敬的中国形象。

陈列道具设计
——氛围设计

一、陈列道具的种类

陈列道具的种类繁多，包括植物雕塑、动物雕塑、绘画作品等，如图 5-1 ～图 5-3 所示。

图 5-1　陈列道具之植物雕塑　　　　图 5-2　陈列道具之动物雕塑　　　　图 5-3　陈列道具之绘画作品

二、陈列道具的设计要领

1．系统掌握服装品牌文化

陈列道具设计的首个要领就是掌握服装品牌文化，以此寻找符合该服装品牌文化的陈列道具，并在陈列道具设计之前对陈列道具的装饰特点、艺术性、材质、色泽、尺寸、形状等方面进行具体了解，以确保服装的最终展示效果，如图 5-4 所示。

2．精准定位目标消费群体

陈列道具设计的第二个要领就是精准定位目标消费群体，例如，以童装为主的服装卖场，就需迎合儿童的心理特点，使用当前流行的卡通人物画像或是新奇的玩偶等陈列道具进行装饰（图 5-5）。以成人服装为主的服装卖场，则需按照消费者的文化品位、审美取向选取陈列道具进行装饰。陈列道具可以使用高档艺术品或文物复制品，塑造服装卖场的文化氛围，促使服装商品的艺术品位和格调得到高度的升华（图 5-6）。此外，文化娱乐用品也可以作为陈列道具用来装饰、凸显服装特色（图 5-7）。

图 5-4　服装陈列展示实例　　　　图 5-5　以玩偶为主的道具设计

3．合理搭配服饰配件

服饰品又称服饰配件，是除服装以外附加在人体上的各类用品及装饰品的总称。服饰配件与服装进行搭配时，可以以小见大，形成亮点，起到画龙点睛的作用；可以有效提升服装的情调和品位，创造出独特的趣味，使服装商品的形象更加鲜明。同时服装与服饰品的搭配，可以为消费者在穿着品位与个性方面提供参考，如图 5-8 ～图 5-11 所示。

图 5-6　主题文化道具应用（一）

图 5-7　主题文化道具应用（二）

图 5-8　服饰配件搭配实例图（一）

图 5-9　服饰配件搭配实例图（二）

图 5-10　服饰配件搭配实例图（三）

图 5-11　服饰配件搭配实例图（四）

三、陈列道具在营造氛围中的具体作用

1．凸显服装特色

服装卖场营造氛围的最终目的，是通过陈列道具凸显服装特色以及突出服装系列主题。因此，可以根据服装功能及分类的不同，选择与之相配的陈列道具，例如，户外运动装的陈列展示可以选择运动模特、帐篷、折叠桌椅等陈列道具，使卖场空间具有浓厚的户外运动气息，如图5-12所示。

图 5-12　凸显服装特色

2．烘托节日气氛

元旦或春节前后，可以在服装卖场内放置生肖玩偶、爆竹，悬挂红灯笼，张贴喜庆、吉祥的年画等营造出喜庆祥和的氛围（图5-13）；圣诞节期间，则可以通过在服装卖场内摆放圣诞树、悬挂圣诞礼盒以及装饰彩灯等陈列道具，使卖场内节日气氛浓厚（图5-14）。

图 5-13　卖场节日陈列（一）

图 5-14　卖场节日陈列（二）

3．彰显科技感

随着科技的发展，国内品牌越来越注重数字科技和虚拟现实在服装陈列视觉营销氛围中的应用。人们利用虚拟现实技术创造沉浸式的购物体验，让顾客更好地感受服装的质感和风格。同时，人们还利用数字化的展示屏和互动设备来展示品牌故事、产品信息和时尚趋势，使卖场空间充满科技感，吸引顾客的兴趣，提高参与度，如图5-15、图5-16所示。

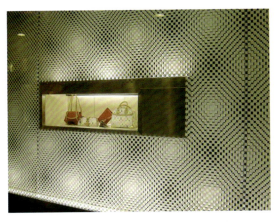

图 5-15　卖场科技感陈列实例（一）

图 5-16　卖场科技感陈列实例（二）

任务二　陈列照明设计

一、陈列照明设计的种类

图 5-17　基础照明实例

陈列照明设计按照照明的功能和作用一般分为基础照明、重点照明和装饰照明三类。

1．基础照明

基础照明指的是用最接近自然光的室内光源，自上而下呈扩散状照亮卖场空间。其照明程度能使卖场内的服饰具有较为真实的立体感、质感与色彩，如图 5-17 所示。

2．重点照明

重点照明指的是将光线以一定角度集中投射到某些区域或商品上，达到突出商品、吸引顾客注意力的目的，如图 5-18、图 5-19 所示。

3．装饰照明

装饰照明主要是通过一些色彩和动感上的变化，以及智能照明控制系统等，营造卖场氛围，烘托主题，从而加强服装陈列展示的艺术感染力，如图 5-20、图 5-21 所示。

服装陈列照明设计必须冲破各种束缚，在普通的照明方法下追求创新。在光空间整合设计的思维下，利用光、影、形、色等整体穿插组合，在遵循视觉艺术的形式法则下，利用明暗对比、色调对比、层次与节奏、光照的冷暖、光影的变化组合等有效手段，进行光与陈列空间相对应的动态设计，使陈列展示空间更加具有吸引力，充满迷人的艺术魅力。

图 5-18　重点照明实例（一）

图 5-19　重点照明实例（二）　　　　图 5-20　装饰照明实例（一）　　　　图 5-21　装饰照明实例（二）

二、陈列照明设计的特点

　　服装陈列照明的应用，在不同程度上影响着服装卖场的空间环境氛围。若需在卖场空间的各个区域内合理运用不同形式的照明方式，从而产生与各区域相符的色调氛围，就需了解并掌握陈列照明设计的特点，具体内容如下所述。

1. 戏剧性

　　卖场空间中绚丽的色彩搭配各类型的灯光，使色彩与灯光之间对比强烈，空间环境和服装商品更具戏剧性色彩。服装卖场在进行陈列照明设计时需按照不同主题，搭配色彩、明暗度均与之相符的灯光，使灯光效果更好地展现出来，给予消费者艺术上更高层次的享受，如图 5-22、图 5-23 所示。

图 5-22　戏剧性照明设计（一）　　　　　　图 5-23　戏剧性照明设计（二）

2. 艺术性

　　灯光通过艺术性的表现手法对卖场空间以及所展示的服装商品进行氛围渲染，使消费者在浏览服装商品的同时也能感受到卖场中浓厚的艺术气息。

　　进行卖场空间陈列照明艺术设计时，需考虑到照明对卖场环境的影响和对消费者产生的视觉效应。通过不同类型灯光的虚实变换、明暗对比，可以丰富卖场空间的层次、功能、结构等，同时，还可以使照明区和非照明区形成强烈对比，从而达到提示消费者卖场各个区域的位置和突出服装商品以及品牌形象的目的，如图 5-24、图 5-25 所示。

图 5-24　艺术性照明设计（一）　　　　　　图 5-25　艺术性照明设计（二）

3．动态性

通过改变光源的光线强度、光的颜色、光斑位置、光范围的大小、光边缘清晰或模糊程度等方式，使照明过程形成动态的变化。此种照明能够非常有效地抓住消费者的视线，具有很强的引导作用。

另外，还有一种特效照明，是通过产生一种有别于常规的照明效果去吸引消费者，例如，通过使用投影灯或漫射板结合照明控制设备，将类似于装饰性的标识、图片、影像或广告元素投射在墙上，产生一个动态的照明，并随时间变化而变换，如可以出现人造天空、墙面、特殊背景或屏幕等。此类特效动态照明可为卖场营造活动氛围，吸引消费者的注意力，如图 5-26 ～图 5-29 所示。

图 5-26　动态性照明设计（一）

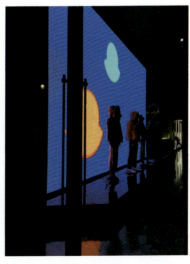

图 5-27　动态性照明设计（二）　　图 5-28　动态性照明设计（三）　　图 5-29　动态性照明设计（四）

三、陈列照明设计规范与效果图展示

为了使服装卖场的灯光照明既能向消费者提供良好的视觉环境，又能使光学辐射对展示商品的损害减小到最低程度，在卖场陈列照明设计过程中须遵循以下设计规范：

（1）陈列商品区域的照度和亮度要大于通道。

（2）陈列商品区域与通道的明暗对比度不要大于3：1。

（3）避免反射产生的眩光（如陈列设施玻璃上出现多重反射产生的眩光）。

（4）光源不可裸露（应加遮光格栅）。

（5）需慎重地使用彩色光，可用彩色光突出某类商品，引起顾客购买的欲望。

陈列照明设计的相关效果如图 5-30～图 5-35 所示。

图 5-30　陈列照明设计实例（一）

图 5-31　陈列照明设计实例（二）

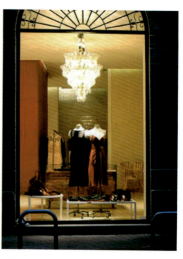

图 5-32　陈列照明设计实例（三）

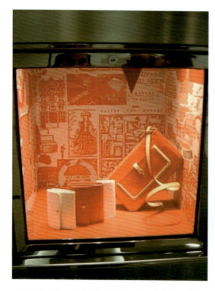

图 5-33　陈列照明设计实例（四）

图 5-34　陈列照明设计实例（五）

图 5-35　陈列照明设计实例（六）

任务三　陈列 POP 设计

　　POP 是"Point of Purchase"一词的缩写，即卖场广告的意思。POP 的兴起同超级市场的普及及其相互之间日益加剧的竞争是紧密相连的。在被称为"自选商店"的超级市场里，产品同顾客直接见面，在这种情况下，POP 应运而生，默默地充当起受人欢迎的"向导"和"推销员"的角色。随着超级市场的日益普及和服装卖场开放型陈列销售范围的扩大，POP 发展十分迅速。如今，服装卖场在进行打折促销、新品上市等活动时，就常使用 POP，如图 5-36、图 5-37 所示。

图 5-36　卖场 POP（一）

图 5-37　卖场 POP（二）

一、服装卖场中 POP 的作用

1．形成宣传气势
通过大量 POP，可以在整个服装卖场内形成声势浩大的活动氛围。

2．构成心理暗示
POP 以其简单、轻便的特点，常在同一卖场中重复出现，从而使消费者在浏览商品的同时，潜移默化地形成某种心理暗示。

3．强化沟通互动
POP 具有简洁醒目的设计风格与通俗易懂的特点，具有趣味性和良好的亲和力，能够达到与消费者强化沟通互动的目的。

二、服装卖场中 POP 的分类

1．吊挂 POP
吊挂 POP 多布置在天花板下方和柜台走道上方的空间，可使商品陈列区位明显，增强吸引力，可以用于品牌的主题展示，也可以用于商场的销售主题展示。吊挂 POP 分为两面、四面或多面立体式，可单体吊挂，也可群体组合。制作材料为各种厚纸、金属、塑料，可使顾客产生新奇感，从而达到促销商品的目的，如图 5-38 所示。

图 5-38　吊挂 POP

2．柜台 POP

属于柜台 POP 的有货架 POP、柜台标志 POP、陈列架 POP 等。因为此类 POP 可有效地吸引消费者的注意力，并能直接帮助消费者确认商品的质量、功能等，所以在设计上要求注意内容的鼓动性和形式的装饰性，如图 5-39、图 5-40 所示。

3．橱窗 POP

橱窗 POP 有助于塑造橱窗空间的艺术氛围并突出商品的魅力。橱窗 POP 设置不拘泥于形式，可吊、可挂、可立、可支撑、可转动、可粘贴，如图 5-41、图 5-42 所示。

4．动态 POP

动态 POP 设有动力装置，可使 POP 按一定规律重复运动，充满乐趣和新奇感，如图 5-43 所示。

5．光源 POP

利用透明材料制作，具有特殊光效应及视觉效果的广告称为光源 POP，如图 5-44 所示。

图 5-39　柜台 POP（一）

图 5-40　柜台 POP（二）

图 5-41　橱窗 POP（一）

图 5-42　橱窗 POP（二）

图 5-43　动态 POP

图 5-44　光源 POP

三、服装卖场 POP 设计注意事项

（1）服装卖场 POP 设计需注意卖场与商品的风格特征、消费者的心理需求，以求有的放矢地表现广告的内容。

（2）因 POP 面积有限，所以其设计需方便阅读、特点鲜明，并需与卖场风格协调统一。

（3）服装卖场 POP 设计与陈列应从加强卖场形象的总体出发，或浑朴古雅，或富现代气息；或抽象意境浓，或现实感强烈；或以文字见长、直率无疑，或以图画取胜、含蓄幽默等。

POP 的历史虽短，但因其短小精悍、表现力强、适合快节奏的商业社会现状等特点，已经在如今这个竞争激烈的时代全面普及开来，并且在设计制作的合理性和展示方法的艺术性上力求构思新、素材新、技术新，体现形与色的统一。

实例分享

童装卖场中服装陈列氛围设计应强调色彩、面料材质、设计的组合效果协调。以色彩为中心的陈列能够把相关穿着品类一起进行展示，使消费者能够较容易地挑选出孩子所需的服装。下面就对童装卖场的设计进行具体分析。

（1）重点款式的推荐。利用儿童的姿势造型突出重点，道具在造型上能够表现儿童的形态特点，能够有效地勾起儿童与父母的想象，刺激他们的购买欲望。模特与其他陈列道具的肢体语言在造型、表情上需更丰富，特点需更突出，如图 5-45 所示。

（2）童趣生活的模拟。童装的生活展示是橱窗展示中的重点部分，模仿儿童在生活中各种可爱的造型与动作，能够让陈列更加具有活力与生命力，这种方式能够增加儿童对于服装的认同感和喜爱度，如图 5-46 所示。

图 5-45　童装陈列设计（一）

图 5-46　童装陈列设计（二）

项目实训

一、实训任务

根据服装品牌文化、服装商品特点进行一组陈列道具设计。

二、实训要求

（1）学生以小组为单位，通过调研服装品牌文化、分析服装商品特点，确定道具的名称、形式、材质、色彩等，可进行原创，也可以在现有物体器皿上进行加工再造。

陈列道具设计之流水台的陈列方式

（2）每组需设计 1 ~ 3 个作品，并且具有系列性，同时还需做出道具设计方案和成本预算表。

三、实训相关样例展示（图 5-47 ~ 图 5-49）

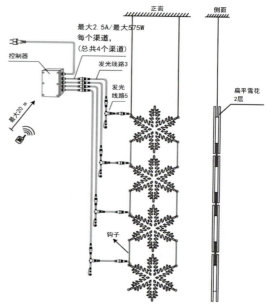

图 5-47　陈列道具设计样例（一）

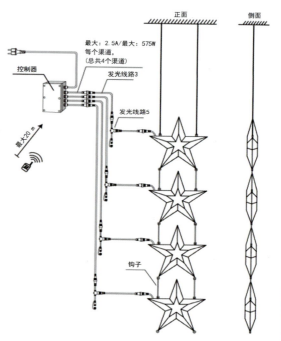

图 5-48　陈列道具设计样例（二）

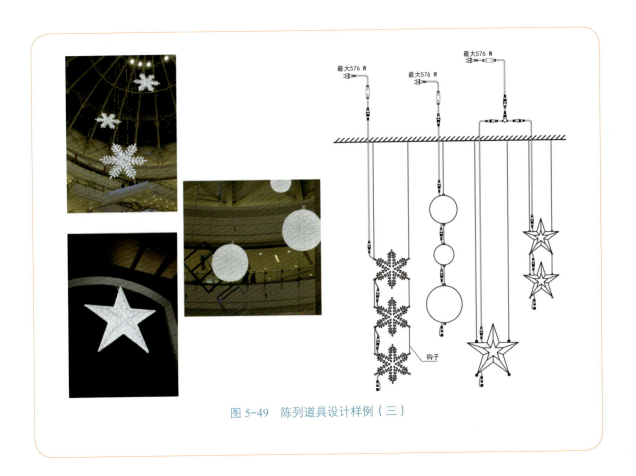

图 5-49　陈列道具设计样例（三）

陈列领域创新
创业案例

✂ 项目六
橱窗陈列设计

项目说明 本项目主要介绍服装卖场中橱窗的相关基础知识、橱窗陈列设计的目的和作用，以及橱窗陈列设计的类型与方法。

知识要点 了解橱窗陈列设计的重要性，掌握橱窗陈列设计的构图形式、基本方法。

技能要点 能够编写橱窗陈列设计企划案，绘制橱窗陈列设计图，并最终能够按照设计图制作出橱窗陈列模型。

素质要点 以赛促学，培养团队合作精神，强化优秀陈列师应具备的热爱服务岗位的思想品质。

项目导航

任务一 橱窗陈列构成

橱窗陈列在陈列空间中是最为突出的，是展示服装品牌形象、介绍商品最直观的形式，成功的橱窗陈列设计可以彰显品牌的文化、风格与定位，明确商品的消费属性。假如把陈列空间的整体陈列比作内容，那么橱窗陈列就是它的封面，它的精品包装。一个赏心悦目的橱窗陈列作品，不但能吸引顾客的目光，还能引起他们的购买欲望，引导他们进店、浏览……成为品牌忠实的追随者。国有品牌应加强中国服饰的国际传播能力建设，全面提升国际传播效能，形成同我国综合国力和国际地位相匹配的国际话语权，深化文明交流互鉴，推动中华服饰文化更好走向世界。

一、橱窗的定义

"橱"的本意是放置东西的家具，"窗"的本意是天窗，引申为房屋。最初橱窗的定义为"商店临街的玻璃窗，用来展示样品"。现在橱窗的范畴已经扩大，即指设计师通过空间的运用、物料的选择、灯光的控制及颜色的搭配等手段使商品的

橱窗陈列设计

性能、特点、种类直接而真实地展示出来，从而使具有潜在购买力的消费者对商品产生兴趣与信赖感，萌发购买的欲望，如图6-1、图6-2所示。

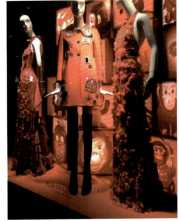

图6-1　橱窗陈列设计（一）　　　　　　　　　　　　　图6-2　橱窗陈列设计（二）

　　如今，橱窗陈列设计越来越受重视，它已经成为商业经济时代进步的一种标志，也是体现国民素质和人文进步的一种表现，更是商家们的一种高级竞争手段。人们已经习惯先通过橱窗陈列来了解商品和品牌的风格特点，然后再进行选择与购买。国外有些知名品牌更是在橱窗陈列设计上投入大量的资金，以求以最大的诱惑引人驻足并进入卖场。许多公司都设有专门的橱窗部，专职负责研究橱窗陈列事宜等。随着橱窗陈列设计被重视、商业经济的发展和设计师观念的不断更新完善，橱窗陈列设计逐渐进入日臻完善的境界，如图6-3～图6-5所示。

图6-3　品牌橱窗陈列实例（一）　　　图6-4　品牌橱窗陈列实例（二）　　　图6-5　品牌橱窗陈列实例（三）

二、橱窗的分类

　　橱窗的首要作用是产生强烈的吸引力，从而使人驻足停留在橱窗前，以达到招揽顾客的目的。从空间位置上来说，橱窗多位于商店最前端的位置，是吸引路人兴趣的关键所在。商家通过橱窗这样一个信息传播平台展示商品，吸引消费者，无形当中也就引导了潜在消费者，激发他们购买的欲望，最终获得利润回报。

橱窗按照构造形式划分为通透式、半通透式和封闭式三类。

1．通透式

通透式橱窗没有后背，直接与卖场的空间相通，消费者可以透过玻璃将卖场内的情况尽收眼底。通透式橱窗一般适用于街面的小型专卖店、商场中的小型卖场等，如图6-6、图6-7所示。

2．半通透式

半通透式橱窗后背采用半封闭形式与卖场空间相连。这种橱窗空间分割的形式很多，所使用的分割材料有背板、玻璃、屏风、宣传画等多种，如图6-8～图6-11所示。

图6-6　通透式橱窗陈列实例（一）

图6-7　通透式橱窗陈列实例（二）　图6-8　半通透式橱窗陈列实例（一）　图6-9　半通透式橱窗陈列实例（二）

图6-10　半通透式橱窗陈列实例（三）　　　　　图6-11　半通透式橱窗陈列实例（四）

3．封闭式

封闭式橱窗背后装有壁板，与卖场空间完全隔开，形成单独空间。封闭式橱窗比较适合空间面积较大的卖场，适合表现品牌的艺术特色，如图6-12所示。

图 6-12　封闭式橱窗陈列实例

三、橱窗陈列设计的目的与作用

橱窗陈列设计是为了商品的销售，它是商家为了实现营销目标，方便消费者选购的一种宣传形式，具有较高的商业价值。橱窗陈列设计已不是简单的门面设计，而是包含了企业形象、品牌认知、空间展示等的陈列设计。

1．橱窗陈列是卖场门面总体装饰的组成部分

橱窗陈列是街头的大众文化，是吸引过往行人的艺术佳作。橱窗陈列设计就是利用沿街墙面开出一定深度、宽度和高度的四维空间，以卖场所经营销售的商品为主，巧用布景、道具、背景，配以合适的灯光、色彩、绘画、摄影和文字说明等，将内容丰富、花样繁多的商品进行巧妙组合布置，形成富有艺术性、装饰性的货样群，使消费者产生直观的视觉印象，是一种空间与立体、形式与内容协调统一的综合性广告艺术形式。同时，橱窗陈列设计还具有树立品牌、指导消费、扩大销售、促进生产、美化环境等作用，如图 6-13、图 6-14 所示。

图 6-13　橱窗陈列设计（一）　　　　　　　　图 6-14　橱窗陈列设计（二）

2．橱窗陈列是品牌与顾客进行传达交流的媒介

服装商品通过橱窗陈列展示，使消费者能够快速了解商品特性、商品颜色、商品材质、商品用途等这些物质层面的信息。除了物质层面的信息传递外，消费者精神层面的需求，就需依靠设计师的奇思妙想来完成。对于大部分的消费者而言，欣赏到绚丽多彩的橱窗陈列是一种赏心悦目的享受，消费者可以与橱窗陈列直接进行"交流"，饱览当今时尚，如图 6-15、图 6-16 所示。

3．橱窗陈列设计引领生活方式

橱窗陈列设计可以结合道具、灯光、色彩等设计手段创造特定的文化氛围、生活情境，与顾客向往的某种生活方式交相呼应，如图 6-17、图 6-18 所示。

图 6-15　品牌橱窗陈列展示（一）

图 6-16　品牌橱窗陈列展示（二）

图 6-17　结合道具创造生活情境实例（一）

图 6-18　结合道具创造生活情境实例（二）

任务二　橱窗陈列设计的类型与方法

橱窗陈列设计是一门综合学科，设计师需综合大量的专业知识，运用各种艺术手段，将其整合在橱窗空间有限的面积内，成为陈列展示空间中的点睛部分。

一、橱窗陈列设计的类型

1．简洁型

简洁型的橱窗陈列设计没有令人眼花缭乱的复杂形式，没有多余的装饰渲染氛围，商品充分展现自己的品质和魅力，把本身的形状、材料、色彩等均凸显出来。简洁型橱窗陈列设计的目的是突出服装商品的主题，抓住重点，使该服装商品成为橱窗中的焦点，凸显服装高贵的气质以及过硬的质量，如图 6-19、图 6-20 所示。

橱窗陈列设计
方法（一）

图 6-19　简洁型橱窗陈列设计（一）

图 6-20　简洁型橱窗陈列设计（二）

2．主题文化表现型

　　现如今，人们除了对物质的追求外，越来越注重精神上的满足。橱窗陈列设计的目的就是符合消费者的愿望，促使其产生消费行为，因此，现在橱窗陈列设计中叙事抒情的手法占据着统治地位，一般是通过以某一环境、某一物件、某一图形、某一人物的形态唤起消费者的种种联想，如图 6-21、图 6-22 所示。

　　橱窗不仅是展示商品、介绍商品的空间，更是面向潜在消费者演出的"剧场"，能够使消费者对橱窗内容产生共鸣，引起消费者的注意，从而拉近商家与消费者彼此间的距离。在橱窗陈列设计过程中，现代家居、艺术品、日常生活用品、时尚单品、古董乃至废弃物等都能成为烘托商品个性的道具或配饰，如图 6-23、图 6-24 所示。

橱窗陈列设计
方法（二）

　　优秀的橱窗陈列设计会根据品牌的经营特色，精心设计和布置风格多样的橱窗，就像给街道披上了一件华丽的外衣，使城市充满时尚气息。橱窗展示的主题一般会切中流行时尚的脉搏，橱窗可以说是商业与艺术的完美统一体。

图 6-21　主题文化表现型橱窗陈列设计（一）

图 6-22　主题文化表现型橱窗陈列设计（二）

图 6-23 橱窗陈列设计（一）

图 6-24 橱窗陈列设计（二）

二、橱窗陈列设计的构图方式

在橱窗中合理有效地布局与陈列，能够完美展现出商品的品牌文化与形象内涵，并有助于加深消费者对品牌的印象与信赖，从而使品牌获得更高的价值，增强品牌的商业竞争力。橱窗陈列设计的构图方式包括对称式构图、均衡式构图、辐射式构图、对角线式构图、直线式构图、曲线式构图及并列式构图。

1．对称式构图

对称式构图适合表现较为庄重的主题，给予消费者一种稳定、安静的感觉，如图 6-25～图 6-27 所示。

图 6-25 对称式构图橱窗（一）

图 6-26 对称式构图橱窗（二）

图 6-27 对称式构图橱窗（三）

2．均衡式构图

均衡式构图适合表现较为活泼的主题，给予消费者干净、明朗的感觉，如图 6-28、图 6-29 所示。

图 6-28　均衡式构图橱窗（一）　　　　　　图 6-29　均衡式构图橱窗（二）

3．辐射式构图

辐射式构图可以表现出服装间的连带关系和花色品种的多样，一般"辐射源"是主体商品，如图 6-30、图 6-31 所示。

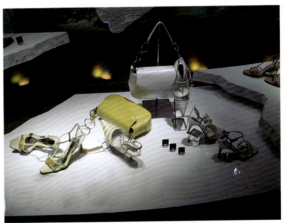

图 6-30　辐射式构图橱窗（一）　　　　　　图 6-31　辐射式构图橱窗（二）

4．对角线式构图

对角线式构图可以表现商品的更新换代，也可用对角线来划分展区，三角形底色可不同，如图 6-32 所示。

5．直线式构图

直线式构图所用道具及商品都是直线或折线，曲线很少，特点显著，引人注目，如图 6-33、图 6-34 所示。

6．曲线式构图

曲线式构图所用道具及商品都是曲线，直线很少，并且具有特有的动感性，如图 6-35、图 6-36 所示。

7．并列式构图

并列式构图适用于较长的橱窗，可以表现出丰富的商品品种及花色，如图 6-37 ～图 6-40 所示。

图 6-32　对角线式构图橱窗

图 6-33 直线式构图　　　图 6-34 直线式构图　　　图 6-35 曲线式构图　　　图 6-36 曲线式构图
　　　　橱窗（一）　　　　　　　　橱窗（二）　　　　　　　　橱窗（一）　　　　　　　　橱窗（二）

图 6-37 并列式构图橱窗（一）　　　　　　图 6-38 并列式构图橱窗（二）

图 6-39 并列式构图橱窗（三）　　　　　　图 6-40 并列式构图橱窗（四）

三、橱窗陈列设计的方法

1. 时间陈列法

（1）季节陈列：按照春、夏、秋、冬四季的气候特性来布置橱窗，同时赋予橱窗各季节的色彩，以配合展示各季节对应的服饰，如图 6-41、图 6-42 所示。

（2）节日陈列：根据中国和外国的各种节日来布置橱窗，如图 6-43 ～图 6-45 所示。

2．分类法

分类法是将整个系列产品按类别分组陈列，适用于针对现实、配合形势所设计的专题性展示，以市场需求为依据来向消费者推出最新的服装商品，如图6-46～图6-49所示。

3．特写法

特写法有两种：一种是将商品放大制成超常的模型，以此加强视觉冲击力，吸引消费者的目光，如图6-50、图6-51所示；另一种是将商品陈列场景化、戏剧化，表现商品在使用中的状态，使之富有生活气息，如图6-52、图6-53所示。

图 6-41　夏季橱窗陈列设计　　　　图 6-42　秋季橱窗陈列设计　图 6-43　情人节橱窗陈列设计

图 6-44　圣诞节橱窗陈列设计　　　　　　图 6-45　儿童节橱窗陈列设计

图 6-46　分类法橱窗陈列设计（一）　　　图 6-47　分类法橱窗陈列设计（二）

图 6-48　分类法橱窗陈列设计（三）　　　　　图 6-49　分类法橱窗陈列设计（四）

图 6-50　特写法橱窗陈列设计（一）　　　　　图 6-51　特写法橱窗陈列设计（二）

图 6-52　特写法橱窗陈列设计（三）　　　　　图 6-53　特写法橱窗陈列设计（四）

任务三　橱窗陈列设计企划

　　橱窗是商业展示空间的一个重要组成部分，处在商品销售的终端环节，又是消费者购买商品的开始，橱窗陈列设计成功与否直接影响整个品牌营销的战略地位，因此橱窗陈列设计已不再是纯粹地展示商品，而是以商品为载体，结合多种设计方法来展示品牌文化、质量、档次的工具。所以，在进行橱窗陈列设计之前先进行橱窗陈列企划就显得尤为重要。橱窗陈列企划具体有以下两个步骤。

1. 确定橱窗陈列企划案主题

首先，需做好前期调研、准备工作，了解品牌整体营销计划，对即将展示的主题商品进行分析，收集流行趋势资讯以及竞争对手信息进行分析。其次，确定主题内容，从主推商品中挑选出最具代表性、最有说服力的定为橱窗陈列重点表现对象，形成定位概念，最终确定橱窗陈列企划案主题。

橱窗陈列设计需根据主题来营造意境，主题千变万化，事物概念、颜色概念、性别概念、时间概念、地点概念等都可以作为特定的主题概念，也有生活场景、节日、季节、科幻、自然、公益、视觉、海洋、女性等这种特定的主题概念，如图6-54～图6-59所示。

2. 制订并编写可行性实施计划

计划内容包括本季节主题、主推商品细节描述、道具设计方案、橱窗制作费用预算、制作周期、运输方式、橱窗设计图。

图 6-54　橱窗陈列设计（一）

图 6-55　橱窗陈列设计（二）

图 6-56　橱窗陈列设计（三）

图 6-57　橱窗陈列设计（四）

图 6-58　橱窗陈列设计（五）

图 6-59　橱窗陈列设计（六）

橱窗陈列设计应力求立体化、空间化，讲究商品与道具等之间的立体组合，要合理地安排各个局部细节，做到既是统一的整体，又能突出重点，有主有次，始终让橱窗保持一种与环境氛围的和谐。

消费者在来到商业街或进入卖场之前，都会有意无意地浏览橱窗，橱窗陈列设计得好坏对消费者的购买情绪有着重要的影响。所以橱窗陈列设计要使消费者无论从正侧、左右还是远近各个角度看上去都能感到舒服和完美，从而对商品产生好感和向往的心情。

实例分享

某品牌橱窗陈列设计企划案制作流程如下：

1. 确定橱窗陈列设计完成时间

各品牌不同，但基本以10天、2个星期或一个月为主。

2. 必备的工具

品牌总部在当地制作的橱窗范本（Window book）或是日程表（calendar）。

每个品牌会有不同的侧重点，有的注重日期，全球同步，有的注重橱窗结构，有的注重背景效果，但是都有统一的品牌要求。

3. 提前预订橱窗材料

要了解所负责卖场橱窗的具体尺寸、朝向、客流通道，以便预订相符的橱窗材料。

4. 提前进行产品培训

了解这一季的产品灵感来源、橱窗陈列的具体要求。

5. 了解卖场订货情况

详细记录卖场订货的款式、尺码、数量、系列、主题、面料、价格等，便于为橱窗和货场选择合适的衣服和搭配道具。

6. 制作橱窗之前需要考虑的季节因素

（1）开季：最好选择最时尚、价格最高的款式。因为这一阶段消费者希望能买到一些特别时尚的衣服，而且此时的购买力也很强。

（2）季中：选择库存压力大的，或由于季节原因需要赶快出清的货品（如天气渐热，就需要把夹克外套等作为重点推荐）。该阶段的消费者会选择购买一些可以和原有服装搭配的基础款。

（3）季末：该阶段需要制作特价橱窗，应选择货量大的服装。这时的系列、主题、尺码都不全，可以考虑把它们穿插搭配，但必须使颜色、款式、面料相搭配。

> **重点提示**
>
> 产品手册是按照系列划分的，而且每个系列都分为不同的主题，每个主题又划分为不同的品牌。Window book里的服装都是设计师精选的最佳销售产品，也是最能代表本季流行趋势的服装。
>
> Window book只是一个指南，在使用的时候可以根据订货和橱窗的大小情况灵活选择，可以只是从Window book的图片中截取一部分来陈列。

中国纺织服装
教育学会简介

7. 制订计划

如果多个橱窗相邻，那么这几个橱窗的颜色应该互相搭配，相互间的色彩、风格一定要协调。

8. 制作

联系安装并和卖场协调。

9. 汇报

拍摄照片向总部汇报。

10. 修改

根据销售情况和天气等客观因素进行调整。

课外拓展

橱窗陈列设计企划注意事项如下。

特价橱窗：绝不要把新货和打折货混在一起。

重大节日：这时可以陈列晚礼服和非常优雅的服饰，因为顾客这时可能需要参加圣诞、新年晚会。

特殊活动（如时装表演、展销会）：选择时尚新潮的服饰，因为这时店里会聚集很多潜在的顾客。

天气情况：比如天气突然变得很热，应该考虑多陈列一些夏装。连日的阴雨，可以考虑陈列雨衣等。

卖场到货情况：价值高的货品和本季主打货品是否到货。

各种风格：是否需要吸引一些特定人群进店（比如如果很少有年轻的客人入店，可以在橱窗里展示休闲运动的系列款式）。

项目实训

一、实训任务

根据品牌文化和流行趋势，分组完成橱窗陈列设计企划案一份。

二、实训要求

1. 绘制橱窗陈列主题设计效果图的要求

（1）主题符合服装品牌文化。

（2）用手绘或软件绘制均可。

（3）效果图不小于A4纸，可装裱。

2. 完成橱窗陈列设计立体模型的要求

（1）橱窗陈列设计立体模型的尺寸不能小于宽 50 cm× 厚 30 cm× 高 40 cm。

（2）橱窗内需有背景、道具等，制作完整。

（3）橱窗内可用布偶作为模特展示商品。

3. 完成橱窗陈列设计企划案的要求

橱窗陈列设计企划案内容需包括本季节主题、主推商品细节描述、道具设计方案、橱窗陈列制作费用预算、制作周期、运输方式、橱窗陈列设计图等。

项目七
服装陈列手册制作

项目说明 本项目介绍服装陈列手册对服装品牌文化及销售的作用，以及陈列手册的基本内容。并通过对国内外知名服装品牌陈列手册案例的学习，找出各服装品牌陈列的优缺点，为服装陈列管理打下良好的基础。

知识要点 学习服装陈列手册的作用、目的、内容等。

技能要点 掌握服装陈列手册的编写方法，能够制作服装陈列手册。

素质要点 培养严谨细致的工作作风，具有较强的社会责任感，具有营销、策划、服务企业的工作能力。

项目导航

任务一　服装陈列手册的作用和目的

服装陈列是个系统工程，服装陈列设计的风格需和卖场的风格相统一，这就需要系统的指引。

服装陈列手册（以下简称陈列手册）是公司制订后统一下发的，一般分为通用陈列手册和分季陈列手册，为卖场进行陈列工作提供规范性的指导。

陈列手册包括从制订服装陈列企划案到实际执行过程中的种种细节，例如，详细的服装陈列分解步骤、道具的使用、服装商品的摆放方式等。陈列手册是卖场形象的标杆所在；陈列手册具有为员工提供一个规范统一的陈列规则、指导员工通过陈列塑造一个统一的品牌视觉形象、指导员工规范陈列行为、为销售服务的作用；陈列手册是服装陈列在服装营销中最有力的辅导工具。编写陈列手册需要陈列师具有丰富的工作经验，并对所服务品牌有深入的理解。

服装陈列不仅是一项技术性工作，当一个品牌的所有卖场在同一时间以同一形象出现在消费者面前的时候，陈列工作已经上升为一项管理工作，陈列手册就成为品牌商管理店铺形象的有效工具和重要辅助手段。各部门工作人员与相关人员要一起通过它们规范陈列实施。

任务二　服装陈列手册的内容

服装品牌商制作用于全国推广店面形象的陈列手册，发布本品牌标准的陈列法则，当多家店铺同时存在时，相当于在每座城市繁华的商业圈同时建立了统一的标准形象，这种完整统一的形象对消费者的影响不言而喻。以下具体介绍服装陈列手册的内容。

女装陈列手册

一、通用陈列手册的内容

（1）公司介绍及品牌介绍。每个品牌都有明确的消费群体定位，陈列手册首先需要让每一个员工明确自己品牌的设计风格与品牌定位，以使陈列人员明白要通过陈列表达的品牌形象是什么。

（2）品牌陈列目的。着重描述品牌公司的陈列器具类型、橱窗陈列、正面陈列、侧面陈列等陈列规则，并标明陈列道具的使用目的。

（3）陈列货架名称规范。陈列手册需要介绍公司标准化的陈列货架，并定义出统一的名称，制定合格通道的检查标准以及立式货柜，制定客流走向的主通道与副通道的宽度标准，使员工之间可以通过标准化的名称互相沟通与交流。

（4）货架的陈列规范及相关陈列原则。明确每一种货架的具体陈列手法，如色彩原则、对称原则、平衡原则、分区原则、正面陈列原则、侧面陈列原则、叠装陈列原则、模特陈列原则、橱窗陈列原则等，并明确所有陈列桌、层板、挂通等货架的具体陈列原则。

（5）陈列中的细节处理及注意事项。明确标明衣钩的方向规范，价签、衣架的使用规范，POP的摆放规范，柜台的展示规范，灯光的照明规范等。不同的品牌需要根据自己的情况制定统一的陈列流程，包括陈列前的准备、陈列中的顺序、陈列后的检查。陈列后要定期进行检查与更换，陈列手册中要注明陈列的检查标准、更换周期以及常见特例的处理方法。

（6）陈列手册相关补充资料。每一年度的流行趋势都会发生变化，货品的色彩、面料、细节搭配与组合也不尽相同。因此，陈列师需要根据趋势的变化，将色彩、面料、细节搭配作为补充资料填充到陈列手册中，从而指导所有参与陈列的人员以及店员们了解这一信息，指导他们的陈列和搭配技巧，也就是要制作分季产品陈列指引手册。

二、分季产品陈列指引手册的内容

分季产品陈列指引手册是通用陈列手册的补充，一般随着每季的产品一起下发到终端卖场，以备区域陈列人员和陈列助手使用。分季产品陈列指引手册一般包括如下内容：

（1）当季风格介绍、设计理念及系列简介。

（2）当季产品上市波段。

（3）当季陈列色彩搭配的特点。

（4）当季货品的分布规划。

（5）当季货架陈列示范。

（6）当季产品的搭配与组合。

（7）当季橱窗陈列示范。

（8）当季流水台陈列示范。

任务三　服装陈列手册制作

陈列手册的制作要符合品牌的陈列风格，并与橱窗陈列企划案、道具设计制作方案紧密联系。陈列手册的制作分为印刷版和电子版，随着时代进步、互联网的广泛应用，电子版陈列手册成为更多品牌选择的方式，陈列手册可采用图片、文字等设计制作。

一、市场前期调查

市场前期调查包括如下内容：
（1）消费者的生活方式调查。
（2）消费者的购买趋势调查。
（3）当年度的时装流行趋势调查。

陈列手册制作

二、对于相关事项做出全面分析

对于相关事项做出全面分析包括如下内容：
（1）品牌文化分析。
（2）产品分析。
（3）营销计划分析。
（4）消费者行为分析。
（5）销售数据分析。
（6）当季设计主题分析。
（7）竞争对手分析。

三、制定陈列预案

制定陈列预案包括如下内容：
（1）计划表现的主题和整体形象风格。
（2）计划突出的产品特性。
（3）计划突出的品牌形象。
（4）计划采用的陈列方法及组合。
（5）计划使用的展示工具。
（6）计划实现的场景氛围。
（7）计划采用的艺术表现手段，如色调、装饰和结构设计等。
（8）计划使用的灯光、音乐和道具。

四、制定陈列设计方案

制定陈列设计方案包括如下内容：
（1）研究产品的具体情况，包括款式、颜色和面料等。
（2）分析品牌 Logo、产品包装的特点。

（3）分析已有的产品陈列记录。

（4）有条不紊地从整体思路出发，从局部入手，确定整体布局和各部分细节的表现方式，包括展示空间结构、产品陈列位置和相互间的关系、展台和人体模特的位置形式等。

（5）确定氛围的表现方式，包括灯光、道具等。

（6）货架的陈列规范，包括色彩原则、对称原则、均衡原则、分区原则等。

（7）陈列细节规范，包括衣钩方面的规则、衣架的使用规则、价签的使用规范、POP 的摆放规范、灯光的照明规范等。

（8）完成设计草图。

（9）评价设计方案，进行调整、修改。

（10）完成平面设计分布图。

五、陈列效果评估

陈列效果评估包括如下内容：

（1）监督、调查陈列效果。

（2）记录、存档（平面图、立面图、实景照片）。

六、陈列的检查与更换标准

陈列的检查与更换标准包括如下内容：

（1）陈列的检查标准。

（2）陈列的更换周期。

项目实训

一、实训任务

针对企业真实案例，完成服装品牌分季陈列手册一份，并进行讨论分享。

二、实训要求

（1）分小组（2～3 人），针对已经学习过的服装陈列知识和技能，做某服装品牌陈列手册的编写工作，编写工作也是对本课程各项目任务的归纳性总结。

（2）各小组制作陈列手册，进行本课程总结，教师进行点评。

三、完成形式

某服装品牌分季陈列手册需采用 Word 形式提交，同时，手册需图文并茂。

男装春夏陈列手册

女装春夏陈列手册

全国"1+X"服
装陈列设计职业
技能等级证书
考核介绍

服装陈列设计职业
技能等级证书（高
级）理论考试模拟
试题

服装陈列设计职业
技能等级证书（中
级）理论考试模拟
试题

REFERENCES

参考文献

［1］韩阳.卖场陈列设计［M］.北京：中国纺织出版社，2006.

［2］马丽群，韩雪.服装陈列设计［M］.沈阳：辽宁科学技术出版社，2008.

［3］汪郑莲.品牌服装视觉陈列实训［M］.上海：东华大学出版社，2012.

［4］凌雯.服装陈列设计教程［M］.杭州：浙江人民美术出版社，2010.

［5］马大力.视觉营销［M］.北京：中国纺织出版社，2003.

［6］马大力，徐军.服装展示技术［M］.北京：中国纺织出版社，2006.

［7］李维.服装卖场陈列［M］.北京：中国纺织出版社，2012.